四旋翼飞行器自适应控制

何熊熊　陶玫玲　著

科学出版社
北京

内 容 简 介

本书系统地介绍了四旋翼飞行器自适应控制的先进设计方法，是作者多年来从事飞行器控制科研工作的结晶，同时融入了作者近年来所取得的最新成果。本书以四旋翼飞行器的自适应控制为论述对象，共包括 7 章，分别针对四旋翼飞行器姿态镇定和跟踪问题，研究有限时间或固定时间自适应姿态控制策略，实现系统状态和跟踪误差的有限时间或固定时间收敛。本书各部分内容及具体方案满足科学研究的层层递进关系，内容既有所侧重又能够把握好内在统一，使得研究方案与关键技术之间紧密联系、相互贯通、相互作用。

本书适用于从事航空航天应用、计算机应用和电气自动化领域工作的工程技术人员阅读，也可作为高等院校工业自动化、自动控制、计算机应用等专业的教学参考书。

图书在版编目(CIP)数据

四旋翼飞行器自适应控制 / 何熊熊，陶玫玲著. — 北京：科学出版社，2023.9

ISBN 978-7-03-076244-3

Ⅰ. ①四… Ⅱ. ①何… ②陶… Ⅲ. ①旋翼机－自适应控制 Ⅳ. ①V275

中国国家版本馆 CIP 数据核字(2023)第 160109 号

责任编辑：闫 悦 / 责任校对：胡小洁
责任印制：师艳茹 / 封面设计：蓝正设计

科 学 出 版 社 出版
北京东黄城根北街 16 号
邮政编码：100717
http://www.sciencep.com
北京中石油彩色印刷有限责任公司 印刷
科学出版社发行 各地新华书店经销
*
2023 年 9 月第 一 版 开本：720×1000 1/16
2023 年 9 月第一次印刷 印张：9 3/4 插页：3
字数：194 000

定价：98.00 元

(如有印装质量问题，我社负责调换)

作 者 简 介

何熊熊，1997 年毕业于浙江大学工业自动化专业，获工学博士学位。现为浙江工业大学信息工程学院教授、博士生导师，担任中国自动化学会数据驱动控制、学习与优化专业委员会秘书长。主持国家自然科学基金面上项目 4 项、国家高技术研究发展计划（863 计划）1 项、国家科技支撑计划课题 1 项、浙江省重大科技专项重大社会发展项目 1 项；发表学术论文 100 余篇，其中 SCI 收录 50 余篇，出版专著 2 部，获授权国家发明专利 20 余项。

陶玫玲，2021 年毕业于浙江工业大学控制科学与工程专业，获工学博士学位。现为安徽工程大学电气工程学院讲师、硕士生导师。

作者简介

前　言

姿态控制系统是四旋翼飞行器的核心，是实现稳定飞行任务的基础。有关四旋翼飞行器控制理论及其工程应用，近年来已有大量论文发表。作者多年来一直从事控制理论及应用方面的教学和研究工作，为了促进飞行器控制和自动化技术的进步，反映四旋翼飞行器姿态控制与应用中的最新研究成果，并使广大研究人员和工程技术人员能了解、掌握和应用这一领域的最新技术，作者撰写了这本书，以抛砖引玉，供广大读者学习参考。

本书是在总结作者多年研究成果的基础上，进一步系统化而成的，其特点如下。

（1）四旋翼飞行器自适应控制算法内容先进，取材至学科交叉部分的前沿研究和部分新思想、新方法和新技术，着重于基本概念、理论和方法。

（2）针对每种四旋翼飞行器自适应控制算法均给出了 MATLAB 仿真结果和实验结果，具有较强的可读性和实用性。

（3）所给出的四旋翼飞行器自适应控制算法力求完整，便于自学和进一步开发。

本书共分 7 章。第 1 章为绪论，介绍无人飞行器的发展历史和四旋翼飞行器姿态控制的国内外研究成果。第 2 章介绍四旋翼飞行器姿态控制中常用的坐标系和姿态描述方法，给出四旋翼飞行器姿态动力学、运动学方程和跟踪误差动力学模型。第 3 章介绍存在惯性不确定性和未知外部干扰的四旋翼飞行器姿态跟踪的有限时间控制设计方法，通过仿真和分析进行了说明。第 4 章介绍存在惯性不确定性、未知外部干扰和执行器多故障的情况下，基于增强型双幂次趋近律的四旋翼飞行器固定时间自适应姿态镇定控制设计方法。第 5 章进一步考虑存在执行器饱和、执行器故障、惯性不确定性和未知外部干扰的四旋翼飞行器姿态跟踪问题，介绍无需使用任何分段连续函数的非奇异固定时间模糊自适应姿态控制器设计方法。第 6 章考虑存在执行器故障、惯性不确定性和未知外部干扰的四旋翼飞行器姿态跟踪问题，进一步介绍基于参数估计误差的非奇异固定时间自适应姿态控制设计方法，能同时保证四旋翼飞行器跟踪误差和参数估计误差的固定时间收敛。第 7 章介绍三自由度悬停四旋翼飞行器实验平台的姿态控制实验，通过实验结果验证所提出控制策略的优越性和实用性。

本书的研究工作得到了国家自然科学基金（编号：62233016）、安徽省高校自然科学研究项目（编号：2023AH050949）和安徽工程大学科学研究项目（编号：2021YQQ038、Xjky2022043）的资助，在此表示感谢。

由于作者水平有限，书中难免存在一些不足之处，欢迎广大读者批评指正。若有指正或商讨之处，请通过电子邮箱 hxx@zjut.edu.cn 或 taomeilingsmile@163.com 与作者联系。

作　者
2023 年 7 月

外文符号与缩写列表

a	标量
$\dot{a}$	对时间 t 的一阶导数
$\hat{a}$	a 的估计值
$\boldsymbol{a}^{\times}$	$\boldsymbol{a}^{\times}=[0,-a_3,a_2;a_3,0,-a_1;-a_2,a_1,0]^{\mathrm{T}}$
$\lVert\boldsymbol{a}\rVert$	欧氏范数，$\lVert\boldsymbol{a}\rVert=\sqrt{\boldsymbol{a}^{\mathrm{T}}\boldsymbol{a}}$
$\boldsymbol{d}$	外部干扰
$\boldsymbol{e}_q$	姿态四元数跟踪误差
$\boldsymbol{e}_\omega$	角速度跟踪误差
$\boldsymbol{I}_n$	$n\times n$ 维单位矩阵
$\boldsymbol{q}$	单位四元数
$\boldsymbol{q}^r$	期望单位四元数
$\mathbb{R}$	实数域
$\mathbb{R}^n$	n 维欧氏空间
$\mathbb{R}^{n\times m}$	$n\times m$ 维欧氏空间
$\boldsymbol{\omega}$	四旋翼飞行器角速度
$\boldsymbol{\omega}^r$	四旋翼飞行器期望角速度
θ	四旋翼飞行器俯仰角
ϕ	四旋翼飞行器滚转角
ψ	四旋翼飞行器偏航角

目　录

第 1 章　绪　　论

1.1　四旋翼飞行器

无人飞行器（unmanned aerial vehicle，UAV）是一种配备自主控制装置的飞行器。通过携带不同设备，无人飞行器可以执行多种不同的任务[1-5]。无人飞行器系统由于其高机动性和完全自主执行任务的能力，在世界各国的国防计划和国防战略中发挥着越来越重要的作用。技术的进步使大型无人飞行器，以及更小型、能力越来越强的无人飞行器发展成为可能。正如文献[6]表明的，无人飞行器有许多军事应用，包括侦察、监视、战斗损害评估和通信中继。目前，无人飞行器的主要应用还是与国防相关的，主要投资是由未来的军事场景驱动的。然而，民用无人飞行器潜在的应用范围非常广泛，包括环境监测（如污染、天气和科学应用程序）、森林火灾监测、国土安全、边境巡逻、药物封锁、空中监视和映射、交通监控、精准农业、救灾、临时通信网络和农村搜救等。

无人飞行器在复杂和危险环境中执行空中监视、侦察和检查时具有很大的优势。事实上，无人飞行器比载人驾驶飞机更适合执行枯燥或危险的任务。风险系数低和任务成功率高是无人飞行器系统可继续扩大使用的两个主要原因。此外，许多其他的技术、经济和政治因素也鼓励了无人飞行器的发展和运行。首先，最新的传感器、微处理器和推进系统比以往任何时候都更小、更轻、更有潜力，从而带来了超越人类极限的耐力、效率和自主性。第二，无人飞行器已成功应用于战场，在许多任务中部署成功，这些因素带来了更多的资金和大量的生产订单。第三，无人飞行器可以在危险和污染的环境中操作，也可以在其他不允许载人系统的环境中操作。

第一架无人飞行器是在 1916 年由美国的劳伦斯和斯佩里制造的。为了制造自动驾驶仪，他们开发了一个用来稳定机体的陀螺仪，这就是所谓的“姿态控制”的开始，它后来被用于飞机的自动转向。然而，由于当时实用技术的不成熟，无人飞行器并没有在第一次世界大战或第二次世界大战中使用。

无人飞行器的发展从20世纪50年代末正式开始。在越南战争或冷战期间，无人飞行器全面的研究和开发持续到70年代。后越南战争时代，美国和以色列开始研发更小更便宜的无人飞行器。这些小型飞行器采用了摩托车或雪地车使用的小引擎，可以通过携带的摄像机将图像传输到操作员的位置。

1991年海湾战争中，美国军方将无人飞行器投入实际使用，此后军用无人飞行器迅速发展。NASA作为这一时期民用无人飞行器研究的中心，最典型的例子就是基于环境研究的无人飞行器和相关的传感器技术项目，它开始于20世纪90年代，是一个包含延长飞行技术、提升发动机性能、提高传感器精度的综合研究。

在最近几十年里，为了增加无人飞行器的飞行耐力和有效载荷，不同尺寸、耐力水平的无人飞行器被投入生产和应用中。因此，本书将根据无人飞行器的特性（气动外形、尺寸等）对其进行分类，通常分为以下四类。

（1）固定翼飞行器，指的是需要跑道起飞和降落或弹射器发射的无人驾驶飞机（带机翼）。这些飞机通常具有长续航能力，并能以高巡航速度飞行，如图1-1所示。

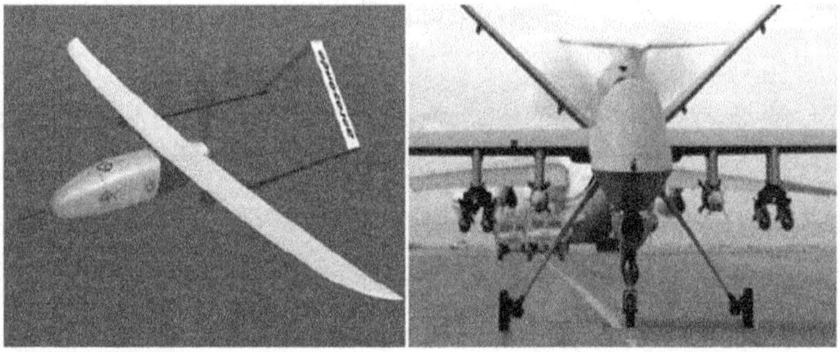

(a) 澳大利亚航空探测器　　(b) 通用原子公司MQ-9收割者

图1-1　固定翼飞行器

（2）旋翼飞行器又称旋翼无人飞行器或垂直起降无人飞行器，它具有悬停能力和高机动性的优点。这些能力在许多机器人任务中都很有用，特别是在民用领域。旋翼飞行器可能有不同的配置，包括主、尾旋翼（常规直升机）、同轴旋翼、串联旋翼、多旋翼等，如图1-2所示。

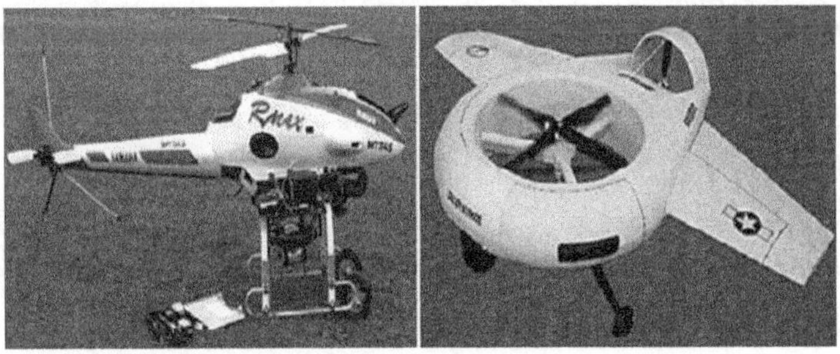

(a) 日本雅马哈Rmax (b) 美国Cypher II-西科斯基

图 1-2 旋翼飞行器

（3）飞艇，像热气球一样，是一种依靠大气浮力升空的航空器，也属于浮空器。它的耐力持久，但飞行速度较低，一般都是大尺寸的，如图 1-3 所示。

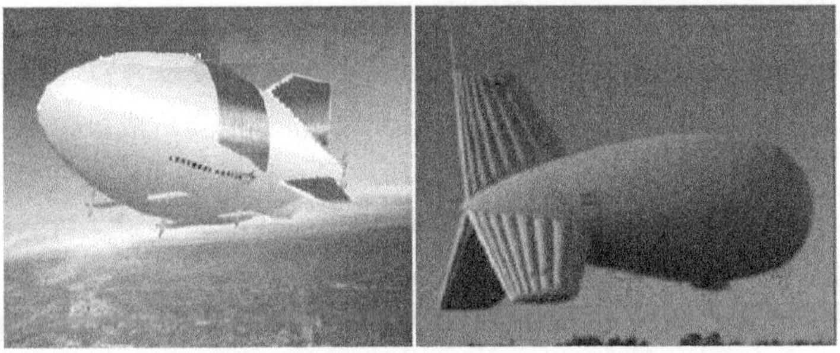

(a) 洛克希德-马丁公司的高空飞艇 (b) 海洋航空转播系统

图 1-3 飞艇

（4）扑翼无人飞行器，是受鸟类和飞虫的启发，具有灵活或变形小翅膀，通过机翼主动运动产生升力和前进力的飞行器，如图 1-4 所示。

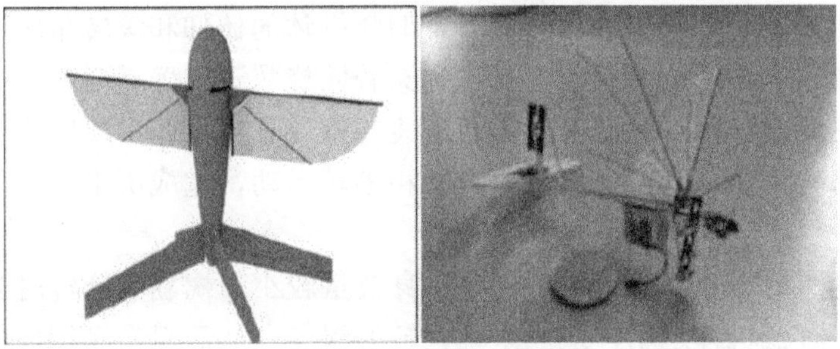

图 1-4 扑翼无人飞行器

旋翼飞行器利用发动机产生的动力旋转螺旋桨来获得旋翼飞行器运动的升力，升力的大小可以通过螺旋桨转速的变化来进行调节。因此旋翼飞行器可以实现垂直起降，同时在空中保持悬停的状态。通过调整旋翼飞行器的悬停位置和姿态可以使飞行器实现对任务目标的接近，而在限定的任务环境中实现旋翼飞行器起飞与降落则需要依赖其垂直起降的能力。因此，旋翼飞行器更智能、更灵活、更适合在以室内生活为主的城市中完成各项飞行任务。其次，与固定翼飞行器相比，旋翼飞行器的机动性能优秀，能从飞行目标的任意方向或角度完成飞行任务。这也意味着如何实现对旋翼飞行器的有效控制是十分具有挑战性的。旋翼飞行器保证有效控制和实现稳定飞行任务的关键在于如何进一步提高传感器和执行器的性能指标，同时优化控制算法以适应不同的控制需求。近年来，随着微电子、传感器技术和先进控制算法的高速发展，旋翼飞行器控制研究也成为无人飞行器控制领域的热点方向。

单旋翼飞行器是旋翼飞行器中最传统的机型，早期关于旋翼飞行器的控制问题多以单旋翼飞行器为研究目标展开分析[7-10]。由于单旋翼飞行器内部复杂的机体结构，不仅使得飞行器制造成本高昂，同时也会造成机体保养和维护的难题。从 1950 年开始，无人飞行器领域涌现了大量新型的旋翼飞行器机型，其中备受关注的是碟形飞行器，即共轴双旋翼和非共轴四旋翼。与其他旋翼飞行器相比较而言，碟形飞行器具有反扭矩能使飞行器扭矩平衡、机体结构更为紧凑等优点[11]。因此，四旋翼飞行器（quadrotor unmanned aerial vehicle，QUAV）新颖别致的布局结构、独树一帜的飞行模型，引起了学界广泛的研究热潮，越来越多无人飞行器的飞行动力学控制研究将四旋翼飞行器控制作为其研究方向。

如图 1-5 所示，四旋翼飞行器由前、后、左、右四个螺旋桨组成类十字形的机身平面结构。四旋翼飞行器的旋转平面平行于机身平面，因此由四个转子产生的升力方向总是垂直于机身平面。当给定四旋翼飞行器的飞行任务为前向运动和侧向运动时，四旋翼飞行器需要调整机体的俯仰和滚转角度产生完成前向运动和侧向运动所需的总推力。这意味着四旋翼飞行器需要在一个螺旋桨的旋转速度提升时，减少对应另一个螺旋桨的旋转速度，即实现四旋翼飞行器同向螺旋桨的转速调整，形成机体的俯仰和滚转运动，完成所指定的前向运动和侧向运动。

在实际的姿态控制中，由于机体本身惯量较小，螺旋桨旋转时微小的改变都会影响飞行器机体运动，造成系统偏转的误差，从而阻碍飞行任务的完成。因此，姿态控制作为无人飞行器控制技术的神经中枢和核心，研究四旋翼飞行器姿态控制研究十分具有挑战意义和应用价值。

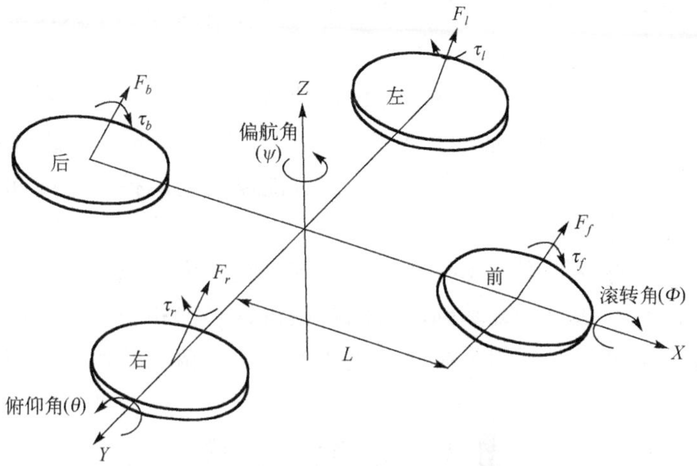

图 1-5 四旋翼飞行器

1.2 无人飞行器姿态控制的主要问题与挑战

近年来，无人飞行器系统由于其高机动性和完全自主性，受到了广泛的研究[12]，同时也为机械系统控制问题的创新提供了诸多可实行性的方案[13]。在所有类型的无人飞行器中，四旋翼飞行器具有良好的机动性、稳定性和多功能性，同时系统包含丰富的非线性动态性能，这也使其成为验证各种先进控制算法的理想平台[14]。

四旋翼飞行器实现有效飞行任务的前提是设计满足精度需求的姿态控制，这也是进一步对四旋翼飞行器控制系统进行设计、优化、建模和控制等研究的基本保障。四旋翼飞行器的姿态控制是指以某一参考坐标系为基准，实现从原始方向到目标方向的机动过程。四旋翼飞行器姿态控制主要包括两个方面[15]：①姿态镇定，即考虑系统的未知扰动，使四旋翼飞行器以给定精度的姿态保持其恒定状态；②姿态跟踪，即考虑系统的未知扰动，使四旋翼飞行器以给定精度完成原始姿态到目标姿态的运动过程。

四旋翼飞行器姿态控制系统是一个典型的具有强耦合、非线性等复杂特性的多变量系统，考虑其飞行任务的多样性和特殊性，如何能实现姿态控制系统更高的控制精度、更快的收敛速度和更强的鲁棒性是十分困难的。固定时间控制不同于一般控制仅实现系统状态的渐近稳定或者有限时间稳定，它可以进一步保证系统状态在固定时间内的稳定收敛。固定时间控制不仅提高系统瞬态的收敛速度，同时收敛时间的上界对系统初始状态的依赖性较小。而自适应控制器又能根据控制对象和干扰动态的变化自动修正控制增益保证系统状态的稳定收敛。因此，固定时间自适应控制方法，不仅对含有未知非线性不确定性的QUAV姿态控制系统有更强的鲁棒性，而且能以更高的控制精度和更快的收敛速度完成各种飞行任务。

综上，本书将以四旋翼飞行器姿态控制系统作为研究对象，以固定时间控制和自适应控制方法为研究基础，考虑存在执行器饱和与故障、惯性不确定性和未知外部干扰等情况下的系统姿态快速镇定和高精度轨迹跟踪控制问题。

1.3 研 究 现 状

四旋翼飞行器姿态控制方法研究引起了国内外专家学者的广泛关注和讨论。本节将综述四旋翼飞行器姿态控制中的不同控制方案。

比例-积分-微分（proportional integral derivative，PID）控制技术是一种无模型控制方法。由于其原理简单、易于实现、适用范围广泛，是最成功的线性自动控制方法之一。

PID 控制作为机电系统中实现调节或跟踪最常用的方法之一，已被广泛应用于无人飞行器系统。一般来说，我们使用一个分层的双环结构。内环对四旋翼飞行器机体各旋转轴采用单输入单输出 PID 技术控制系统的旋转运动，外环采用解耦 PID 技术控制系统的平移运动。文献[16]考虑增加瞬时载荷质量所带来动态载荷扰动对四旋翼飞行器的影响，设计 PID 控制策略实现系统状态的稳定控制，并进行悬停状态下的鲁棒性测试，验证方法的有效性。文献[17]考虑QUAV 执行器故障的情况下，研究自适应 PID 容错控制方法，采用模糊控制策略对控制增益进行实时调整，使系统在执行器故障发生时能更快、更有效地控制系统稳定。

考虑风干扰下四旋翼飞行器的姿态稳定与导航问题，文献[18]首先给出基于牛顿-欧拉方程的姿态动力学模型。然后设计嵌套闭环控制策略，内环采用分散 PID 神经网络控制器，外环采用传统 PID 控制器生成内环的参考路径。通过李雅普诺夫理论验证该分散 PID 神经网络控制器能实现系统稳定。考虑四旋翼飞行器姿态跟踪问题，文献[19]将非线性动力学、轴间耦合、参数扰动和外部干扰视为不确定性，得到了各姿态角的简化线性动力学模型。针对每个通道，设计 PD 控制器和鲁棒补偿器，实现跟踪误差的有限时间收敛。文献[20]基于多旋翼飞行器动力学模型，设计 PID 控制器和神经网络控制器，实现系统轨迹跟踪控制。文献[21]基于欧拉-拉格朗日形式的 QUAV 模型，设计非线性鲁棒 H_∞ PID 控制器，实现对四旋翼飞行器的姿态控制。

自抗扰控制（active disturbance rejection control，ADRC）是我国著名系统与控制专家韩京清提出来的控制方法[22-24]。自抗扰控制采用 PID 误差反馈控制的核心思想，是由 PID 控制器演变过来的。传统 PID 控制直接以给定参考信号与输出反馈之间的差值作为控制信号，但这样会导致在实现系统状态快速响应时，出现超调现象。而自抗扰控制不依赖于精确模型信息，具有较强的鲁棒性。自抗扰控制器主要由三部分组成：跟踪微分器（tracking differentiator，TD）、扩张状态观测器（extended state observer，ESO）和非线性状态误差反馈控制律（nonlinear state error feedback law，NSEFL）。

文献[23]中详细介绍了自抗扰控制器的结构和各组成部分。文献[25,26]给出关于自抗扰控制的机理分析过程，从而弥补了自抗扰控制的缺陷。近年来，自抗扰控制方法已被开发用于受干扰的四旋翼飞行器姿态控制。文献[27]针对存在执行器故障和阵风情况下的四旋翼飞行器姿态控制问题，提出了一种新的鲁棒容错控制器。首先，采用牛顿-欧拉方法对受侧风和执行器故障影响的四旋翼飞行器动力系统建模。然后，基于 ADRC 技术设计容错控制来减少故障影响并实现稳定。该控制器以阵风、执行器故障和测量噪声为总扰动，通过改进 ESO 进行估计，并通过非线性反馈控制律进行补偿，所提出的鲁棒容错控制器能够完成期望姿态跟踪任务。文献[28]研究受阵风影响的 QUAV 姿态控制系统，设计双闭环姿态控制框架，内环采用自抗扰控制，外环采用 PD 控制。将阵风扰动视为动态扰动，通过内环 ESO 对其进行估计。针对 QUAV 轨迹跟踪控制系统中存在的非线性、强耦合和未知外部干扰等控制难题，另一种双闭环自抗扰控制方案在文献[29]中被设计。首先，引入虚拟控制变量对四旋翼飞行系统进行解耦，简化了系统的数学模型。其次，利用 ESO 实时估计和补偿系统内部不确定性和外部干扰，提高系统抗干扰能力。文献[27,28]将文献[23]中提出的传统非线性 ESO 用于四旋翼飞行器的姿态控制设计，而非线性 ESO 中有许多参数需要调整。因此文献[29]采用线性 ESO 代替非线性 ESO 进行四旋翼飞行器姿态控制，并降低了 ESO 的调谐参数。

鲁棒控制（robust control，RC）是一种针对系统存在的模型不确定性而被广泛应用的控制方法。常见的鲁棒控制理论包括 H_∞ 控制理论、结构奇异性理论和哈里托诺夫（Kharitonov）理论。鲁棒控制的优点是针对随机干扰具有较强的稳定性，因此也被学者们应用到四旋翼飞行器控制中。

文献[30]提出 QUAV 渐近跟踪控制方案，采用鲁棒积分方法和基于浸入与不变理论的自适应控制方法。控制系统解耦为两部分：姿态内环和位置外环。内回路采用鲁棒积分法来抑制干扰，而外回路采用浸入与不变理论补偿参数不确定性。利用李雅普诺夫稳定性分析和拉萨尔不变性定理，证明了该控制器能实现系统的时变三维位置跟踪和偏航运动参考轨迹跟踪的渐近收敛。文献[31]研究了存在多不确定性和多时滞的四旋翼飞行器鲁棒控制问题。系统模型描述为一个受参数摄动、非线性耦合动力学、外部干扰、状态时滞和输入时滞的多输入多输出时变系统。基于层次控制方案和鲁棒补偿技术，提出一种包括姿态控制器和位置控制器的鲁棒级联控制器。该方法实现了位置和姿态跟踪误差在有限时间内收敛到原点附近邻域。在文献[32]中，将比例-微分控制器与拉普拉斯补偿器相结合，用于解决存在惯性不确定性的四旋翼飞行器鲁棒姿态控制问题。研究受阵风影响的四旋翼飞行器姿态跟踪问题，文献[33]提出了一种块控制技术，并结合超扭矩（super-twisting）算法对其进行鲁棒化处理。文献[34]将积分预测鲁棒控制技术与非线性控制器相结合，用于跟踪四旋翼飞行器的期望轨迹。文献[35]设计基于滑模控制的鲁棒控制器，用以抑制四旋翼飞行器中由于旋转和平移运动产生的系统不确定性对于系统状态的影响。

在 20 世纪 50 年代，变结构控制思想[36-38]被苏联学者提出和研究。变结构是由不同控制器结构组成的系统，按规则切换后获得期望的系统性能。变结构系统是拥有各自确定控制性能的子系统组合，能实现单一控制器无法实现的控制性能，不局限于传统线性控制方法，能较好地平衡系统静态和动态之间的矛盾，是一种优秀的非线性控制方法[39]。滑模控制（sliding mode control，SMC）是具有滑动模态的变结构控制，通过控制策略使系统状态在达到滑模面后，沿着滑模面滑动至平衡点。四旋翼飞行器姿态动力学存在强非线性和强耦合性，其姿态控制是典型的非线性控制问题。学者们为解决模型中存在的非线性进一步开发改进了滑模控制器，其对扰动和不确定性[40,41]具有鲁棒性。

文献[42-44]将滑模控制理论与基于四元数的系统模型相结合，其中包括针对一般刚性航天器运动学模型设计滑模控制器，以实现对姿态的稳定控制。然而，大多数关于四旋翼飞行器滑模控制算法的研究都是基于欧拉角描述的经典动力学方程，但由于该描述模型存在奇异点和万向锁的复杂问题，文献[45]提出忽略部分机体运动行为的无模型滑模控制器，以解决欧拉角模型的弊端，同时简化姿态控制器的设计过程。文献[46]利用滑模控制算法来补偿未知外部干扰，在机体始终保持小角度旋转和缓慢运动的前提下设计姿态控制器，但由于该假设过于保守，并不适合实际无人飞行器姿态控制系统。文献[47]考虑具有外部干扰、参数不确定性和执行器故障的四旋翼飞行器系统，提出了一种不需要故障诊断机制的多变量积分终端滑模容错控制方法，以适应系统存在的参数不确定性和执行器故障；并采用自适应控制消除对不确定边界的先验知识要求，在有限时间内实现高精度轨迹跟踪。

由于滑模控制的切换函数在控制中快速切换导致高频变化会造成系统参数的改变，从而导致不理想的抖振现象。文献[47-50]提出能够减少滑模控制中不理想抖振问题所引起的系统不稳定的改进控制算法，并将其用于解决飞行器和航天器控制问题。考虑 QUAV 姿态和位置控制，文献[51]将 QUAV 动力学模型分成全驱动和欠驱动的两个子系统，将位置状态变量和速度跟踪误差结合起来定义滑动变量，设计二阶滑模控制器，保证了系统的所有状态轨迹都达到并停留在滑模面上。在文献[52]中，基于连续滑模控制设计四旋翼飞行器实时鲁棒高度控制方案，利用高斜率饱和函数代替符号函数来减少抖振。文献[53]针对存在未知外部干扰的六自由度四旋翼飞行器动力学模型，设计基于积分反演和滑模控制的非线性控制方法来稳定四旋翼飞行器的姿态并完成轨迹跟踪任务，克服了传统滑模控制所面临的抖振问题和控制输入不连续的问题。基于分层控制方案设计的控制器可分为转动控制器和平移控制器，并通过李雅普诺夫理论验证闭环系统稳定性。

反馈线性化（feedback linearization，FL）通常用于控制非线性系统，它涉及使用非线性技术实现系统状态变量的转换，然后应用线性工具进行逆变换后，将其转换回原始状态。

动态反演是反馈线性化控制在载人和无人飞行器上的具体应用，也是为解决四旋翼飞行器姿态镇定和跟踪问题而开发的一种新型的控制技术。该姿态控制器通常由两个回路组成：在内环中实现动态反演，在外环中保证内部系统动力学稳定。将控制目标包含在约束微分方程中，利用 Moore-Penrose 广义逆矩阵对约束动力学进行反演，获得所需要的控制律。考虑四旋翼飞行器存在欠驱动和强耦合特性，文献[54]提出基于动态反演的姿态跟踪控制器，以满足系统姿态跟踪性能。文献[55]针对一个小型直升机的自主飞行系统，将复合非线性反馈控制和动态反演技术相结合设计了一种可以实现其核心控制和自主飞行调度的控制方案，能够执行多种复杂的飞行任务。为了研究存在模型不确定性的四旋翼飞行器控制系统，文献[56]利用动态反演和显式模型跟随（explicit model following，EMF）技术设计基于姿态环和速度环的复合控制律，以实现四旋翼飞行器系统稳定。

自适应控制（adaptive control，AC）是指在给定的约束条件下，该控制能使得系统性能指标达到最优的方法，也被称为最优控制或极值控制。自适应控制器能根据控制对象和干扰动态的变化自动修正控制器增益，并且利用可在线调节的控制增益来保证系统状态稳定收敛。自适应控制一般有以下两类[57]：一种是可在线估计模型参数的间接自适应控制，另一种是利用李雅普诺夫理论实时调节控制器参数的直接自适应控制。

为了研究时变气动效应和有界外部干扰下四旋翼飞行器的跟踪控制问题，文献[58]提出一种 L_1 自适应控制方法并引入了非线性前馈补偿，针对任意指定有界期望轨迹输出，系统能实现渐近跟踪收敛。文献[59]针对四旋翼飞行器的直接和间接模型，设计自适应控制器完成系统的轨迹跟踪，增强对于参数不确定性的鲁棒性，同时有效地减轻由于部件故障或物理损坏而可能发生推力损失异常的影响。文献[60]针对非线性开环不稳定的四旋翼飞行器动力学模型，设计基于交替自适应参数方法的自适应控制器，使得系统的抗干扰性能显著增强。为了解决四旋翼飞行器失控现象，文献[61]结合量子逻辑设计可重构的自适应控制方案。该方案在直升机正常运行状态下，采用具有预定稳定度的二次最优控制可获得较好的控制性能。考虑具有惯性不确定性的四旋翼飞行器，文献[62]将轨迹跟踪问题转化为如何实现误差系统渐近稳定的问题，提出基于浸入与不变理论的自适应控制器，保证了系统参数估计可以渐近收敛至真值。在选择适当控制参数的情况下，所提出的控制器保证了误差系统的渐近稳定性，从而实现系统的轨迹跟踪。

反步控制（backstepping control，BC）是线性和非线性欠驱动系统的一种递推控制方法。反步控制的主要思想是递归地选择合适的状态变量函数作为虚拟控制输入，以反馈的形式从一个复杂系统的原点开始设计控制过程，然后退回到新的控制器，使每个外部子系统逐步稳定。在设计过程中需要使用合适的虚拟控制量，以保证每个子系统的稳定性，一旦确定最终的控制输入，就保证了整个系统的稳定性。

反步控制作为一种有效的非线性控制方法，在一类特殊非线性动力系统的非线性控制器设计中受到众多研究人员的青睐，而具有复杂非线性的四旋翼飞行器跟踪控制是一个典型的非线性控制问题。文献[63]提出一种结合辅助输入饱和补偿器的有限时间反步框架，并将其应用于输入约束的四旋翼飞行器姿态跟踪误差系统。通过引入跟踪误差的分数次幂函数和目标命令的有限时间滤波器，保证了系统的有限时间收敛性。根据李雅普诺夫理论，在存在输入饱和与扰动的情况下，给出了闭环系统有限时间稳定性证明。为了研究含外部干扰和惯性不确定性的四旋翼飞行器，文献[64]为了保证理想的轨迹跟踪性能，将控制器的设计过程分为两个步骤。首先，将姿态动力学系统分解为两个串联子系统，采用串级自抗扰控制方案；其次，通过引入额外的高增益设计参数，构造子系统反步滑模控制方案。通过李雅普诺夫稳定性分析，证明该控制方法的有效性和鲁棒性。文献[65]将四旋翼飞行器和载荷分别建模为刚体和点质量，利用李雅普诺夫理论和反步技术设计非线性反步控制器，保证了闭环系统的渐近稳定。考虑不确定四旋翼飞行器系统，文献[66]构造一种反步自适应控制器，可以补偿系统质量不确定性。李雅普诺夫的稳定性分析表明所提出的控制器能保证四旋翼飞行器闭环动力学的渐近收敛性。

有限时间控制（finite-time control）是一种基于时间优化的控制方法，它能使系统状态在有限时间内收敛至平衡点或者平衡点附近的邻域[67]。与渐近稳定控制方案相比，有限时间控制中与系统状态相关的分数幂次项，可以提高系统的鲁棒性和控制精度。目前常用的连续有限时间控制方法有终端滑模法（terminal sliding mode，TSM）[68-71]、齐次系统法（homogeneous systems）[72,73]和超扭矩方法[73-75]。

文献[73]针对存在匹配扰动的任意阶积分器系统，提出了一种多变量super-twisting算法。为了补偿四旋翼飞行器系统的未知扰动，在控制律中加入了一个不连续的积分项，并利用李雅普诺夫方法和齐次性定理，保证姿态跟踪误差有限时间收敛到原点。文献[76]通过齐次反馈技术解决四旋翼飞行器轨迹跟踪有限时间收敛问题。根据四旋翼飞行器固有的欠驱动特性，将跟踪控制分解为外位置跟踪控制环和内姿态跟踪控制环。位置环的四个推力输入的方向由姿态环决定。为此，首先提出了一种基于指数趋近律姿态跟踪控制器，并采用动力学补偿的方法构造了位置动力学控制输入，为姿态跟踪回路提供了参考旋转矩阵，实现跟踪误差全局有限时间稳定。考虑存在未知外部时变干扰的四旋翼飞行器动力学系统，文献[77]研究了两种具有未知系统动力学和时变扰动的四旋翼飞行器动力学复合学习控制问题。对于未知系统动力学，采用单隐层前馈网络进行逼近，为扰动观测器提供信息。基于神经逼近和扰动估计的复合学习方法，对终端滑模控制进行了合成，实现系统变量的有限时间收敛。

有限时间控制作为有效的非线性控制方法，该方法的收敛时间严重依赖于系统状态的初始值，也就是说，在不同的初始条件下，系统状态的收敛时间可能会发生明显变化。为了弥补有限时间控制的缺陷，固定时间控制（fixed-time control）被提出用于实现非线性系统的控制中[78-80]。固定时间控制方案可以在固定时间内实现比有限时间控制更高的控制精度，而且对系统初始条件的依赖性较小[80]。Polyakov[79]利用滑模控制和多项式反馈，基于李雅普诺夫函数设计了一类固定时间控制器来稳定线性系统的控制，实现闭环系统固定时间稳定，进一步提高控制精度、鲁棒性和抗干扰能力。到目前为止，固定时间控制已被广泛研究和应用于各种航天器系统[81-85]，但在四旋翼飞行器中研究较少[1,2]。

文献[1]提出固定时间滑模控制策略以解决具有外部干扰的 QUAV 轨迹跟踪问题。基于微分平坦度理论将四旋翼飞行器欠驱动动力学转化为四个全驱动子系统。由于在实际应用中无法直接获得目标轨迹的速度信息，提出了一种固定时间状态观测器来估计目标轨迹的速度。为了增强系统的鲁棒性，构造了一个固定时间干扰观测器来估计和补偿集总扰动。在固定时间状态观测器和干扰观测器的基础上，利用反步技术进行滑模控制器的设计，在设计过程中引入了一个固定时间微分器来估计虚拟控制输入，避免了反步控制所带来复杂性爆发的问题。文献[2]针对四旋翼飞行器存在外部干扰和执行器故障时的姿态稳定问题，提出了两种固定时间容错控制方案。利用齐次性理论设计一种标称控制器来保证无故障系统的固定时间稳定性。在此基础上，构造一种基于积分型滑模自适应固定时间控制律，以抑制扰动和执行器故障。为了进一步主动补偿系统的不确定性，采用积分型滑模控制策略，提出一种基于固定时间观测器的固定时间容错控制器。文献[3]研究了刚性航天器无速度固定时间姿态跟踪控制问题。利用齐次性定理，引入半全局观测器来估计固定时间内的不可测角速度。然后，设计了一种无速度姿态跟踪控制器，实现跟踪误差的固定时间收敛。

1.4 本书的主要工作

本书针对含执行器饱和与故障、惯性不确定性和未知外部干扰的四旋翼飞行器姿态控制系统存在的姿态镇定和跟踪问题，研究固定时间自适应姿态控制策略，实现系统状态和跟踪误差的固定时间收敛，不仅能够提高系统瞬态时的收敛速度，同时降低收敛时间对系统初始状态的依赖性，并基于三自由度悬停四旋翼飞行器平台进行实验验证。本书研究成果总结如下。

第 1 章是绪论，阐述了研究背景与意义，介绍无人飞行器的发展历史，阐明了四旋翼飞行器姿态控制的主要问题，对四旋翼飞行器姿态控制的国内外研究成果进行综述，并且给出本书的主要研究工作和结构安排。

第 2 章详细介绍四旋翼飞行器姿态控制中常用的坐标系和姿态描述方法，并给出两种描述法之间的等价转换关系。然后基于四元数描述方法，给出相应的四旋翼飞行器姿态动力学、运动学方程和跟踪误差动力学模型，为后续设计和分析四旋翼飞行器的姿态控制提供了坚实的基础。

第 3 章研究存在惯性不确定性和未知外部干扰的四旋翼飞行器姿态跟踪问题。首先设计非奇异终端滑模面，实现系统跟踪误差的有限时间收敛。然后，利用径向基神经网络估计未知非线性动力学，并设计自适应更新律估计神经网络权值矩阵，从而避免使用系统模型的先验知识。通过饱和函数避免控制器设计中潜在的奇异性问题。最后，提出基于径向基神经网络（radial basis function neural network，RBFNN）的有限时间自适应控制器，实现四旋翼飞行器的有限时间姿态跟踪控制。

第 4 章在第 3 章研究存在惯性不确定性和未知外部干扰的基础上，同时考虑存在执行器多故障的情况，研究了基于增强型双幂次趋近律的四旋翼飞行器固定时间自适应姿态镇定控制问题。首先，设计固定时间终端滑模面，保证转换姿态变量能在固定时间内到达滑模面，同时利用分段连续函数避免奇异性问题。然后，基于反三角函数设计增强型双幂次趋近律调节控制器增益，使系统状态在瞬态时快速收敛以及在稳态时减少抖振。其次，利用预设性能函数约束姿态四元数，使其能满足预设性能边界的要求，同时避免控制器设计中的奇异性问题。最后，设计基于增强型双幂次趋近律的固定时间自适应控制器，实现四旋翼飞行器的固定时间姿态镇定控制。

第 5 章进一步考虑存在执行器饱和、执行器故障、惯性不确定性和未知外部干扰的四旋翼飞行器姿态跟踪问题。不同于第 4 章所提出的分段固定时间终端滑模面，该章首先设计新型的非奇异固定时间滑模面，解决因滑动变量微分时产生的奇异性问题，保证系统跟踪误差的固定时间收敛。在控制器设计中通过构造辅助函数，避免由于对误差矩阵求逆引起的控制器奇异性问题。然后，利用第 4 章提出的基于反三角函数的增强型双幂次趋近律来调节控制增益，提高系统瞬态性能和减小抖振。其次，利用模糊逻辑系统逼近系统非线性不确定性，设计自适应更新律估计模糊逻辑系统的权值参数。最后，提出无需使用任何分段连续函数的非奇异固定时间模糊自适应姿态控制器，实现四旋翼飞行器的固定时间姿态跟踪控制。

第 6 章在第 5 章非奇异固定时间滑模面的基础上，考虑存在执行器故障、惯性不确定性和未知外部干扰的四旋翼飞行器姿态跟踪问题，进一步研究基于参数估计误差的非奇异固定时间自适应姿态控制策略。首先利用基于 Sigmoid 函数的神经网络逼近系统非线性不确定性，减少计算复杂度。然后，构造一阶滤波器间接获取神经网络参数估计误差的信息，解决参数估计误差不能直接用于自适应更新律设计的问题。其次，利用包含参数估计误差的辅助滤波向量设计固定时间自适应更新律。与基于跟踪误差的自适应更新律相比，基于参数估计误差的自适应更新律能实现参数估计误差的固定时间收敛。最后，设计非奇异固定时间神经网络自适应控制器，能同时保证四旋翼飞行器跟踪误差和参数估计误差的固定时间收敛。

第 7 章在第 5 章和第 6 章的研究基础上，利用三自由度悬停四旋翼飞行器实验平台进行了姿态控制实验。将第 5 章和第 6 章所提出的控制策略与多组控制方法进行对比实验，实验结果验证了所提出的控制策略的优越性和实用性。

参考文献

[1] Kang K, Prasad J V R, Johnson E. Active control of a UAV helicopter with a slung load for precision airborne cargo delivery[J]. Unmanned Systems, 2016, 4(3): 213-226.

[2] Merino L, Caballero F, de Dios J, et al. An unmanned aircraft system for automatic forest fire monitoring and measurement[J]. Journal of Intelligent and Robotic Systems, 2012, 65(1): 533-548.

[3] Palunko I, Cruz P, Fierro R. Agile load transportation: Safe and efficient load manipulation with aerial robots[J]. IEEE Robotics and Automation Magazine, 2012, 19(3): 69-79.

[4] Liang X, Fang Y C, Sun N, et al. Nonlinear hierarchical control for unmanned quadrotor transportation systems[J]. IEEE Transactions on Industrial Electronics, 2018, 65(4): 3395-3405.

[5] Tayebi A, McGilvray S. Attitude stabilization of a VTOL quadrotor aircraft[J]. IEEE Transactions on Control Systems Technology, 2006, 14(3): 562-571.

[6] Nonami K, Kendoul F, Suzuki S. Autonomous Flying Robots[M]. Berlin: Springer, 2010.

[7] Vilchis J C A, Brogliato B, Dzul A, et al. Nonlinear modelling and control of helicopter[J]. Automatica, 2003, 39 (9): 1583-1596.

[8] Mahony R, Hamel T. Adaptive neural network finite time compensation of aerodynamic effects during take-off and landing maneuvers for a scale model autonomous helicopter[J]. European Journal of Control, 2001, 7(16): 321-336.

[9] Frazzoli E, Dahleh M, Feron E. Trajcctory tracking control design for autonomous helicopters using a backstepping algorithm[C]//Proceedings of the American Control Conference, Chicago Illinois, 2000, (6): 4102-4107.

[10] Shim H, Koo T J, Hoffmann F, et al. A comprehensive study of control design for an autonomous helicopter[C]//Proceedings of IEEE Conference on Decision and Control, Florida, USA, 1998, (4): 3653-3658.

[11] Hanford S D. A small semi-autonomous rotary-wing unmanned air vehicle[D]. Pennsylvania: The Pennsylvania State University, 2005.

[12] 路坤锋. 空间飞行器姿态复合控制方法研究[D]. 北京: 北京理工大学, 2014.

[13] 安宏雷. 四旋翼飞行器几何滑模姿态控制技术和抗扰应用研究[D]. 长沙: 国防科学技术大学, 2013.

[14] 王俊生. 四旋翼碟形飞行器控制系统设计及控制方法研究[D]. 长沙: 国防科学技术大学, 2007.

[15] Raza S. Design and control of a quadrotor unmanned aerial vehicle[D]. Ottawa: University of Ottawa, 2010.

[16] Pounds P E I, Bersak D R, Dollar A M. Stability of small-scale UAV helicopters and quadrotors with added payload mass under PID control[J]. Autonomous Robots, 2012, 33(1/2): 129-142.

[17] Amoozgar M H, Chamseddine A, Zhang Y. Fault-tolerant fuzzy gain-scheduled PID for a quadrotor helicopter testbed in the presence of actuator faults[J]. IFAC Proceedings Volumes, 2012, 45(3): 282-287.

[18] Chen Y M, He Y L, Zhou M F. Decentralized PID neural network control for a quadrotor helicopter subjected to wind disturbance[J]. Journal of Central South University, 2015, 22: 168-179.

[19] Liu H, Li D J, Xi J X, et al. Robust attitude controller design for miniature quadrotors[J]. International Journal of Robust and Nonlinear Control, 2016, 26(4): 681-696.

[20] Artale V, Collotta M, Milazzo C, et al. Real-time system based on a neural network and PID flight control[J]. Applied Mathematics and Information Sciences, 2016, 10: 395-402.

[21] Ortiz J P, Minchala L I, Reinoso M J. Nonlinear robust H-infinity PID controller for the multivariable system quadrotor[J]. IEEE Latin America Transactions, 2013, 14(3): 1176-1183.

[22] 韩京清. 自抗扰控制技术: 估计补偿不确定因素的控制技术[M]. 北京: 国防工业出版社, 2008.

[23] Han J Q. From PID to active disturbance rejection control[J]. IEEE Transactions on Industrial Electronics, 2009, 56(3): 900-906.

[24] 韩京清. 从 PID 技术到"自抗扰控制"技术[J]. 控制工程, 2002, 9(3): 13-18.

[25] Guo B Z, Zhao Z L. On convergence of tracking differentiator[J]. International Journal of Control, 2011, 84(4): 693-701.

[26] Guo B Z, Zhao Z L. On the convergence of an extended state observer for nonlinear systems with uncertainty[J]. Systems and Control Letters, 2011, 60(6): 420-430.

[27] Guo Y Y, Jiang B, Zhang Y M. A novel robust attitude control for quadrotor aircraft subject to actuator faults and wind gusts[J]. IEEE/CAA Journal of Automatica Sinica, 2018, 5(1): 292-300.

[28] Yang H J, Cheng L, Xia Y Q, et al. Active disturbance rejection attitude control for a dual closed-loop quadrotor under gust wind[J]. IEEE Transactions on Control Systems Technology, 2018, 26(4): 1400-1405.

[29] Zhang Y, Chen Z, Zhang X, et al. A novel control scheme for quadrotor UAV based upon active disturbance rejection control[J]. Aerospace Science and Technology, 2018, 79: 601-609.

[30] Zhao B, Xian B, Zhang Y, et al. Nonlinear robust adaptive tracking control of a quadrotor UAV via immersion and invariance methodology[J]. IEEE Transactions on Industrial Electronics, 2015, 62(5): 2891-2902.

[31] Liu H, Zhao W, Zuo Z, et al. Robust control for quadrotors with multiple time-varying uncertainties and delays[J]. IEEE Transactions on Industrial Electronics, 2017, 64(2): 1303-1312.

[32] Liu H, Bai Y Q, Lu G, et al. Robust attitude control of uncertain quadrotors[J]. IET Control Theory Applications, 2013, 7(11): 1583-1589.

[33] Luque-vega L, Castillo-Toledo B, Loukianov A G. Robust block second order sliding mode control for a quadrotor[J]. Journal of the Franklin Institute-Engineering and Applied Mathematics, 2012, 349(1): 719-739.

[34] Raffo G V, Ortega M G, Rubio F R. An integral predictive/nonlinear H-infinity control structure for a quadrotor helicopter[J]. Automatica, 2010, 46: 29-39.

[35] Besnard L, Shtessel Y B, Landrum B. Quadrotor vehicle control via sliding mode controller driven by sliding mode disturbance observer[J]. Journal of the Franklin Institute-Engineering and Applied Mathematics, 2012, 349(2): 658-684.

[36] Emelyanov S, Utkin V, Taran V. Theory of Variable Structure Systems[M]. Moscow: Nauka, 1970.

[37] Itkis U. Control Systems of Variable Structure[M]. New York: Wiley, 1976.

[38] Utkin V. Variable structure systems with sliding modes[J]. IEEE Transactions on Automatic control, 1977, 22(2): 212-222.

[39] 李鹏. 传统和高阶滑模控制研究及其应用[D]. 长沙: 国防科学技术大学, 2011.

[40] Merheb A R, Noura H, Bateman F. Design of passive fault-tolerant controllers of a quadrotor based on sliding-mode theory[J]. International Journal of Applied Mathematics and Computer Science, 2015, 25(3): 561-576.

[41] Liu H, Bai Y, Lu G, et al. Robust tracking control of a quadrotor helicopter[J]. Journal of Intelligent and Robotic Systems, 2014, 75(3/4): 595-608.

[42] Cristi R, Burl J, Russo N. Adaptive quaternion feedback regulation for eigenaxis rotations[J]. Journal of Guidance Control and Dynamics, 1994, 17(6): 1287-1291.

[43] Lo S C, Chen Y P. Smooth sliding-mode control for spacecraft attitude tracking maneuvers[J]. Journal of Guidance Control and Dynamics, 1995, 18(6): 1345-1349.

[44] John L, Crassidis J, Markle F. Sliding mode control using modified Rodrigues parameters[J]. Journal of Guidance Control and Dynamics, 1996, 19(6): 1381-1383.

[45] Wang H, Ye X, Tian Y, et al. Model-free-based terminal SMC of quadrotor attitude and position[J]. IEEE Transactions on Aerospace and Electronic Systems, 2016, 52(5): 2519-2528.

[46] Galzi D, Shtessel Y. Unmanned rotorcraft tight formation flight control using sliding mode control driven by sliding mode disturbance observers[C]//Proceedings of AIAA Guidance, Navigation, and Control Conference and Exhibit, 2008.

[47] Tang P, Zhang F Ye J, et al. An integral TSMC-based adaptive fault-tolerant control for quadrotor with external disturbances and parametric uncertainties[J]. Aerospace Science and Technology, 2021, 109: 1626-3219.

[48] Pukdeboon C, Zinober A S I, Thein M W. Quasi-continuous higher order sliding-mode controllers for spacecraft attitude tracking maneuvers[J]. IEEE Transactions on Industrial Electronics, 2010, 57(4): 1436-1444.

[49] Zhu Z, Xia Y, Fu M. Adaptive sliding mode control for attitude stabilization with actuator saturation[J]. IEEE Transactions on Industrial Electronics, 2011, 58(10): 4898-4907.

[50] Zhao B, Xian B, Zhang Y, et al. Nonlinear robust sliding mode control of a quadrotor unmanned aerial vehicle based on immersion and invariance method[J]. International Journal of Robust and Nonlinear Control, 2015, 25(18): 3714-3731.

[51] Zheng E H, Xiong J J, Luo J L. Second order sliding mode control for a quadrotor UAV[J]. ISA Transactions, 2014, 53(4): 1350-1356.

[52] Gonzalez I, Salazar S, Lozano R. Chattering-free sliding mode altitude control for a quadrotor aircraft: Real-time application[J]. Journal of Intelligent and Robotic Systems, 2014, 73(1): 137-155.

[53] Jia Z Y, Yu J Q, Mei Y S, et al. Integral backstepping sliding mode control for quadrotor helicopter under external uncertain disturbances[J]. Aerospace Science and Technology, 2017, 68: 299-307.

[54] Das A, Subbarao K, Lewis F. Dynamic inversion with zero-dynamics stabilization for quadrotor control[J]. IET Control Theory Applications, 2009, 3(3): 303-314.

[55] Peng K, Cai G W, Chen B M, et al. Design and implementation of an autonomous flight control law for a UAV helicopter[J]. Automatica, 2009, 45: 2333-2338.

[56] Saetti U, Horn J F, Lakhmani S, et al. Design of dynamic inversion and explicit model following flight control laws for quadrotor UAS[J]. Journal of the American Helicopter Society, 2020.

[57] Astrom K, Wittenmark B. Adaptive Control[M]. Second Edition. Dover: Courier Corporation, 2013.

[58] Zuo Z Y, Ru P K. Augmented L1 adaptive tracking control of quadrotor unmanned aircrafts[J]. IEEE Transactions on Aerospace and Electronic Systems, 2014, 50(4): 3090-3101.

[59] Dydek T Z, Annaswamy M A, Lavretsky E. Adaptive control of quadrotor UAVs: A design trade study with flight evaluations[J]. IEEE Transactions on Control Systems Technology, 2013, 21(4): 1400-1406.

[60] Coza C, Nicol C, Macnaba C J B. Adaptive fuzzy control for a quadrotor helicopter robust to wind buffeting[J]. Journal of Intelligent and Fuzzy Systems Applications in Engineering and Technology, 2011, 22(5): 267-283.

[61] Chen F Y, Wu Q B, Jiang B, et al. A reconfiguration scheme for quadrotor helicopter via simple adaptive control and quantum logic[J]. IEEE Transactions on Industrial Electronics, 2015, 62(7): 4328-4335.

[62] Zou Y, Meng Z. Immersion and invariance-based adaptive controller for quadrotor systems[J]. IEEE Transactions on Systems, Man, and Cybernetics: Systems, 2018, 49(11): 2288-2297.

[63] Jiang T, Lin D F, Song T. Finite-time backstepping control for quadrotors with disturbances and input constraints[J]. IEEE Access, 2018: 62037-62049.

[64] Xu L X, Ma H J, Guo D, et al. Backstepping sliding-mode and cascade active disturbance rejection control for a quadrotor UAV[J]. IEEE/ASME Transactions on Mechatronics, 2020, 25(6): 2743-2753.

[65] Yu G, Cabecinhas D, Cunha R, et al. Nonlinear backstepping control of a quadrotor-slung load system[J]. IEEE/ASME Transactions on Mechatronics, 2019, 24(5): 2304-2315.

[66] Huang M, Xian B, Diao C. Adaptive tracking control of underactuated quadrotor unmanned aerial vehicles via backstepping[C]//Proceedings of the 2010 American Control Conference, Baltimore, MD, USA, 2010: 2076-2081.

[67] 李东. 几类非线性系统的有限时间控制研究[D]. 南京: 东南大学, 2015.

[68] Zhu Z, Xia Y, Fu M. Attitude stabilization of rigid spacecraft with finite-time convergence[J]. International Journal of Robust and Nonlinear Control, 2011, 21(6): 686-702.

[69] Zou A M, Kumar K D, Hou Z G. Finite-time attitude tracking control for spacecraft using terminal sliding mode and Chebyshev neural network[J]. IEEE Transactions on Systems, Man, and Cybernetics, Part B, 2011, 41(4): 950-963.

[70] Lu K, Xia Y. Adaptive attitude tracking control for rigid spacecraft with finite-time convergence[J]. Automatica, 2013, 49(12): 3591-3599.

[71] Lu K, Xia Y. Finite-time attitude stabilization for rigid spacecraft[J]. International Journal of Robust and Nonlinear Control, 2015, 25(1): 27-49.

[72] Tian B L, Yin L P, Wang H. Finite-time reentry attitude control based on adaptive multivariable disturbance compensation[J]. IEEE Transactions on Industrial Electronics, 2015, 62(9): 5889-5898.

[73] Tian B L, Liu L, Lu H. Multivariable finite time attitude control for quadrotor UAV: Theory and experimentation[J]. IEEE Transactions on Industrial Electronics, 2018, 65(3): 2567-2577.

[74] Yu S, Yu X, Shirinzadeh B, et al. Continuous finite-time control for robotic manipulators with terminal sliding mode[J]. Automatica, 2005, 41(11): 1957-1964.

[75] Shtessel Y, Taleb M, Plestan F. A novel adaptive-gain super-twisting sliding mode controller: Methodology and application[J]. Automatica, 2012, 48(5): 759-769.

[76] Shi X N, Zhang Y A, Zhou D. Almost-global finite-time trajectory tracking control for quadrotors in the exponential coordinates[J]. IEEE Transactions on Aerospace and Electronic Systems, 2017, 53(1): 91-100.

[77] Xu B. Composite learning finite-time control with application to quadrotors[J]. IEEE Transactions on Systems, Man, and Cybernetics: Systems, 2018, 48(10): 1806-1815.

[78] Andrieu V, Praly L, Astolfi A. Homogeneous approximation, recursive observer design, and output feedback[J]. SIAM Journal on Control and Optimization, 2009, 47(4): 1814-1850.

[79] Polyakov A. Nonlinear feedback design for fixed-time stabilization of linear control systems[J]. IEEE Transactions on Automatic Control, 2012, 57(8):2106-2110.

[80] Polyakov A, Efimov D, Perruquetti W. Finite-time and fixed-time stabilization: Implicit Lyapunov function approach[J]. Automatica, 2015, 51: 332-340.

[81] Gao J W, Fu Z, Zhang S. Adaptive fixed-time attitude tracking control for rigid spacecraft with actuator faults[J]. IEEE Transactions on Industrial Electronics, 2019, 66(9): 7141-7149.

[82] Tao M L, Chen Q, He X X. Adaptive fixed-time fault-tolerant control for rigid spacecraft using a double power reaching law[J]. International Journal of Robust and Nonlinear Control, 2019, 29(12): 4022-4040.

[83] Huang Y, Jia Y M. Adaptive fixed-time six-DOF tracking control for noncooperative spacecraft fly-around mission[J]. IEEE Transactions on Control Systems Technology, 2019, 27(4): 1796-1804.

[84] Jiang B Y, Zhuo C, Hu Q L, et al. Fixed-time attitude control for rigid spacecraft with external disturbances[C]// Intelligent Control and Automation. IEEE, 2015.

[85] Zou A M, Kumar K D, Ruiter A H J. Fixed-time attitude tracking control for rigid spacecraft[J]. Automatica, 2020, 113: 108792.

第2章　四旋翼飞行器姿态数学模型

2.1　引　　言

四旋翼飞行器姿态镇定与跟踪控制是四旋翼飞行器实现其设计任务的重要组成部分。近年来，针对姿态镇定和跟踪控制问题已经有了许多研究著作。四旋翼飞行器的姿态控制目标是相对于某个参考坐标系实现四旋翼飞行器姿态镇定控制和姿态跟踪控制。姿态镇定控制是指四旋翼飞行器姿态维持在一个固定姿态的控制过程。姿态跟踪控制是指四旋翼飞行器实现一个姿态到另一个目标姿态转变的控制过程。通过建立四旋翼飞行器姿态动力学和运动学模型，使得基于现代状态空间的控制系统设计方法都可以直接应用，并保障闭环系统的稳定性。本章将介绍四旋翼飞行器姿态控制中所必需的参考坐标系、姿态描述方法、动力学和运动学模型。

2.2　参考坐标系和坐标变换

在研究四旋翼飞行器系统时，重要的是要了解不同的物体是如何相对于彼此定位的。显然，我们需要了解四旋翼飞行器系统相对于地球的方向。我们可能还想知道传感器相对于四旋翼飞行器是如何定位的，或者天线相对于地面上的信号源是如何定位的。参考坐标系的设定存在以下几点因素：

①牛顿运动方程是在固定的惯性坐标系下推导出来的，然而，四旋翼飞行器的姿态运动在固定的机体坐标系中更容易被描述；

②空气动力和力矩作用在四旋翼飞行器的机身上，因此更容易通过机体坐标系进行描述；

③类似于加速度计和速率陀螺仪的测量信息是相对于机体坐标系的，而GPS 测量位置、地面速度和航向角是相对于惯性坐标系的；

④大多数任务的要求，如盘旋点和飞行轨迹，都设定在惯性坐标系中；此外，地图信息也通常在惯性坐标系中给出。

因此，本节给出用于描述四旋翼飞行器及其传感器的位置和方向的各种坐标系，以及这些坐标系之间的转换。

四旋翼飞行器由包含电机驱动的四个螺旋桨框架组成。四旋翼飞行器的运动可以通过分别调整四旋翼飞行器的转速所产生的四个升力（T_1，T_2，T_3，T_4）变化来获得。如图 2-1 所示，转子 1 和转子 3 顺时针旋转，转子 2 和转子 4 逆时针旋转。偏航运动由一组转子（转子 1 和转子 3）和另一组转子（转子 2 和转子 4）所产生的反抗力矩的差值形成的。通过改变升力 T_1 和 T_3（T_2 和 T_4），可以实现四旋翼飞行器系统的俯仰运动（滚转运动）。俯仰和滚转运动分别会造成四旋翼飞行器的纵向运动和横向运动。由四个转子产生升力之和的变化可以引起四旋翼飞行器的垂直运动。

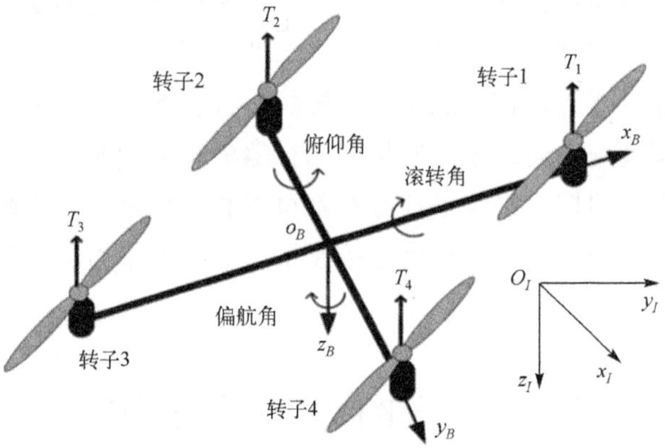

图 2-1　四旋翼飞行器示意图[1]

本书假设四旋翼飞行器是刚性系统，图 2-1 给出本书所使用的两个参考坐标系：惯性坐标系 $I=\{o_I,x_I,y_I,z_I\}$ 和原点位于四旋翼飞行器刚体质心处的机体坐标系 $B=\{o_B,x_B,y_B,z_B\}$。从机体坐标系 B 到惯性坐标系 I 的方向可以用旋转矩阵 $\boldsymbol{R}\in\boldsymbol{SO}(3)$ 表示，它是一组行列式为 1 的 3×3 正交矩阵，满足

$$\dot{\boldsymbol{R}}=\boldsymbol{RS}(\omega) \tag{2-1}$$

其中，$\omega\in\mathbb{R}^{3\times1}$ 表示机体坐标系下的角速度：

$$\boldsymbol{S}(x)=\begin{bmatrix}0 & -x_3 & x_2\\ x_3 & 0 & -x_1\\ -x_2 & x_1 & 0\end{bmatrix} \tag{2-2}$$

2.3　姿 态 描 述

四旋翼飞行器姿态描述是用于描述惯性坐标系和机体坐标系之间坐标变换的方法。本节将分别介绍基于欧拉角和单位四元数的姿态描述方法。

2.3.1　欧拉角

欧拉角通常被用于描述四旋翼飞行器的姿态，因为它们提供了一种直观的方法来表示物体在三维空间中的方向。根据欧拉定理，刚体绕固定点的任意旋转都可以看成绕该点有限次旋转的合成[2]。绕 x_B 轴旋转的角度为滚转角，即 ϕ；绕 y_B 轴旋转的角度为俯仰角，即 θ；绕 z_B 轴旋转的角度为偏航角，即 ψ。滚转角 ϕ、俯仰角 θ 和偏航角 ψ 通常被称为欧拉角，用于描述四旋翼飞行器的姿态旋转运动。

从机体坐标系 B 到惯性坐标系 I 的方向旋转矩阵可以由绕 x_B、y_B 和 z_B 轴连续三次旋转得到，即

$$\boldsymbol{R}=\begin{bmatrix} C_\theta C_\psi & C_\psi S_\phi S_\theta - C_\phi S_\psi & S_\phi S_\psi + C_\phi C_\psi S_\theta \\ C_\theta S_\psi & C_\phi C_\psi + S_\phi S_\theta S_\psi & C_\phi S_\theta S_\psi - C_\psi S_\phi \\ -S_\theta & C_\theta S_\phi & C_\phi C_\theta \end{bmatrix} \tag{2-3}$$

其中，$C_\theta \triangleq \cos\theta$ 和 $S_\theta \triangleq \sin\theta$。

欧拉角描述四旋翼飞行器姿态的物理意义是直接和清晰的，它可以通过传感器直接被测量，这有助于欧拉角描述方法的推广使用。然而，当俯仰角 θ 为 $\pm 90°$ 时，该方法会产生奇异性问题。从物理意义的角度分析，当俯仰角为 $90°$ 时，横滚角和偏航角是不可区分的，即此时偏航角 ψ 是不确定的。这个数学上的奇异点通常被称为万向锁。同时，由于该方法需要获得大量的三角函数值，这显然会导致控制器的计算速度缓慢。

2.3.2　单位四元数

为了避免欧拉角描述方法导致的万向锁现象，四元数提供了一种替代的描述方法来表示四旋翼飞行器姿态。

在最一般的形式中，四元数是由四个实数组成的有序列表。我们可以将四元数 $\boldsymbol{q}$ 表示为 $\mathbb{R}^4$ 中的一个向量，即

$$\boldsymbol{q}=\begin{bmatrix} q_0 \\ q_{v1} \\ q_{v2} \\ q_{v3} \end{bmatrix} \tag{2-4}$$

其中，q_0，q_{v1}，q_{v2}和q_{v3}都是标量。当使用四元数表示旋转运动时，我们要求它是单位四元数，换句话说，此时的四元数$\boldsymbol{q}$需要满足$\|\boldsymbol{q}\|=1$。

通常将q_0称为单位四元数的标量部分，同时定义其向量部分为

$$\boldsymbol{q}=q_{v1}\boldsymbol{i}^i+q_{v2}\boldsymbol{j}^i+q_{v3}\boldsymbol{k}^i \tag{2-5}$$

如图 2-2 所示，单位四元数可以解释为在三维空间中绕一个轴的单一旋转。将单位矢量$\boldsymbol{v}$作为指定轴，绕指定轴旋转角度Θ，单位四元数的标量部分与旋转角度Θ关系如下：

$$q_0=\cos\left(\frac{\Theta}{2}\right) \tag{2-6}$$

单位四元数的矢量部分与单位向量$\boldsymbol{v}$的轴旋转有关，即

$$\begin{pmatrix} q_{v1} \\ q_{v2} \\ q_{v3} \end{pmatrix}=\boldsymbol{v}\sin\left(\frac{\Theta}{2}\right) \tag{2-7}$$

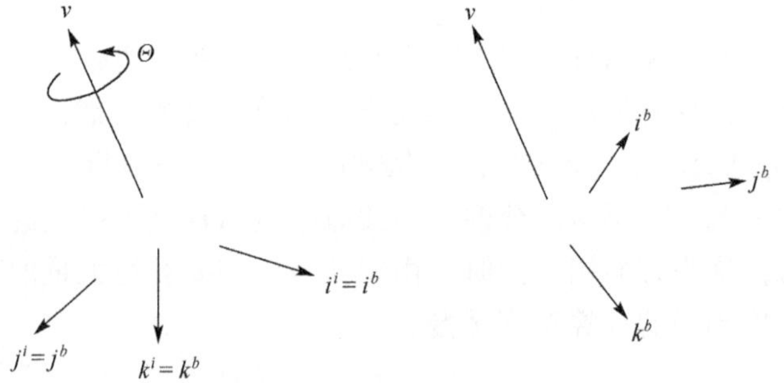

图 2-2　单位四元数旋转[3]

四元数姿态描述方法是将从惯性坐标系到机体坐标系的旋转转换为绕指定轴的单一旋转，而不是欧拉角描述法所要求的连续三次旋转，所用参数少，便于计算。同时，四元数描述方法解决了欧拉角描述方法中的奇异性问题，因此

本书将采用四元数描述法描述系统姿态，进而设计先进控制策略实现对四旋翼飞行器的姿态控制。

2.3.3　欧拉角与四元数转换关系

为了能在数值仿真和实验中更直观地了解四旋翼飞行器姿态的物理意义，可以将四元数描述法和欧拉角描述法进行等效转化。

考虑四元数描述姿态时，其等效欧拉角可表示为

$$
\begin{aligned}
\phi &= \operatorname{atan2}\left(2\left(q_0 q_{v1} + q_{v2} q_{v3}\right), \left(q_0^2 + q_{v3}^2 - q_{v1}^2 - q_{v2}^2\right)\right) \\
\theta &= \operatorname{asin}\left(2\left(q_0 q_{v2} - q_{v1} q_{v3}\right)\right) \\
\psi &= \operatorname{atan2}\left(2\left(q_0 q_{v3} + q_{v1} q_{v2}\right), \left(q_0^2 + q_{v1}^2 - q_{v2}^2 - q_{v3}^2\right)\right)
\end{aligned}
\tag{2-8}
$$

其中，$\operatorname{atan}(y,x)$ 表示两个参数的反正切运算符号，它使用两个参数的符号来确定返回值的象限，从而得到返回 y/x 在 $[-\pi,\pi]$ 范围内的反正切值。反正弦运算符号 asin 只需要一个参数，因为俯仰角仅在 $\left[-\frac{\pi}{2},\frac{\pi}{2}\right]$ 范围内有定义。

相应地，考虑欧拉角描述时，等效的四元数表示为

$$
\begin{aligned}
q_0 &= C_{\psi/2} C_{\theta/2} C_{\phi/2} + S_{\psi/2} S_{\theta/2} S_{\phi/2} \\
q_{v1} &= C_{\psi/2} C_{\theta/2} S_{\phi/2} - S_{\psi/2} S_{\theta/2} C_{\phi/2} \\
q_{v2} &= C_{\psi/2} S_{\theta/2} C_{\phi/2} + S_{\psi/2} C_{\theta/2} S_{\phi/2} \\
q_{v3} &= S_{\psi/2} C_{\theta/2} C_{\phi/2} - C_{\psi/2} S_{\theta/2} S_{\phi/2}
\end{aligned}
\tag{2-9}
$$

2.4　姿态动力学和运动学模型

由于四旋翼飞行器姿态动力学的复杂性，给出以下合理的假设。

假设 2.1　四旋翼飞行器被认为是一个刚体系统。

假设 2.2　四旋翼飞行器是严格对称的。

四旋翼飞行器姿态动力学是指四旋翼飞行器在各种力矩作用下绕质心旋转的运动，考虑刚体动量矩原理，四旋翼飞行器的姿态动力学方程表示为

$$
\boldsymbol{J}\dot{\boldsymbol{\omega}} = -\boldsymbol{\omega}^{\times}\boldsymbol{J}\boldsymbol{\omega} + \boldsymbol{u} + \boldsymbol{d} \tag{2-10}
$$

其中，$\boldsymbol{J}\in\mathbb{R}^{3\times3}$ 是机体坐标系下四旋翼飞行器的惯性矩阵，其为正定矩阵。$\boldsymbol{\omega}=\left[\omega_1,\omega_2,\omega_3\right]^{\mathrm{T}}\in\mathbb{R}^{3\times1}$ 是机体坐标系下系统的角速度，$\boldsymbol{u}=\left[u_1,u_2,u_3\right]^{\mathrm{T}}\in\mathbb{R}^{3\times1}$ 是控制输入，$\boldsymbol{d}=\left[d_1,d_2,d_3\right]^{\mathrm{T}}\in\mathbb{R}^{3\times1}$ 表示外部干扰。符号 $\times$ 是任意向量 $\boldsymbol{a}=[a_1,a_2,a_3]^{\mathrm{T}}$ 上的一个算子，$\boldsymbol{a}^{\times}=\left[0,-a_3,a_2;a_3,0,-a_1;-a_2,a_1,0\right]$。

四旋翼飞行器姿态旋转运动由以下四元数方程进行描述：

$$
\begin{aligned}
\dot{q}_0&=-\frac{1}{2}\boldsymbol{q}_v^{\mathrm{T}}\boldsymbol{\omega}\\
\dot{\boldsymbol{q}}_v&=\frac{1}{2}\left(\boldsymbol{q}_v^{\times}+q_0I_3\right)\boldsymbol{\omega}
\end{aligned}
\tag{2-11}
$$

其中，单位四元数 $\boldsymbol{q}=\left[q_0,q_{v1},q_{v2},q_{v3}\right]^{\mathrm{T}}=\left[q_0,\boldsymbol{q}_v^{\mathrm{T}}\right]^{\mathrm{T}}\in\mathbb{R}\times\mathbb{R}^3$ 用于机体坐标系在惯性坐标系上建立的四旋翼飞行器姿态描述，满足约束 $q_0^2+\boldsymbol{q}_v^{\mathrm{T}}\boldsymbol{q}_v=1$，其中，$q_0\in\mathbb{R}$ 是标量部分，$\boldsymbol{q}_v\in\mathbb{R}^{3\times1}$ 是向量分量。

2.5　姿态跟踪误差模型

四旋翼飞行器姿态跟踪控制是指四旋翼飞行器由一个姿态转变为另一个目标姿态的再定向运动过程。考虑期望的目标姿态轨迹 $\boldsymbol{q}^r=\left[q_0^r,q_{v1}^r,q_{v2}^r,q_{v3}^r\right]^{\mathrm{T}}\in\mathbb{R}\times\mathbb{R}^3$，姿态跟踪误差四元数 $\boldsymbol{e}_q\in\mathbb{R}^{3\times1}$ 是由以下非线性函数给出的[3]：

$$
\boldsymbol{e}_q=Q(\boldsymbol{q}^r,\boldsymbol{q})=2\left(q_0^rq_0+\sum_{i=1}^{3}q_i^rq_i\right)\times\begin{bmatrix}-q_0^rq_1+q_1^rq_0+q_2^rq_3-q_3^rq_2\\-q_0^rq_2-q_1^rq_3+q_2^rq_0+q_3^rq_1\\-q_0^rq_3+q_1^rq_2-q_2^rq_2+q_3^rq_0\end{bmatrix}
\tag{2-12}
$$

四旋翼飞行器的角速度跟踪误差 $\boldsymbol{e}_\omega$ 定义为

$$
\boldsymbol{e}_\omega=\boldsymbol{\omega}-\boldsymbol{\omega}^r
\tag{2-13}
$$

其中，$\boldsymbol{\omega}^r$ 是四旋翼机体坐标系下的期望角速度，表示为

$$
\boldsymbol{\omega}^r=2\begin{bmatrix}-q_2^r\dot{q}_{v1}^r+q_0^r\dot{q}_{v1}^r+q_{v3}^r\dot{q}_{v2}^r-q_{v2}^r\dot{q}_{v3}^r\\-q_{v2}^r\dot{q}_0^r-q_{v3}^r\dot{q}_{v1}^r+q_0^r\dot{q}_{v2}^r+q_{v1}^r\dot{q}_{v3}^r\\-q_{v3}^r\dot{q}_0^r+q_{v2}^r\dot{q}_{v1}^r-q_{v1}^r\dot{q}_{v2}^r+q_0^r\dot{q}_{v3}^r\end{bmatrix}
\tag{2-14}
$$

由式（2-12）～式（2-14）可得，姿态跟踪误差 $\boldsymbol{e}_q$ 和角速度跟踪误差 $\boldsymbol{e}_\omega$ 满

足以下关系：

$$\dot{\boldsymbol{e}}_q = \boldsymbol{e}_\omega \tag{2-15}$$

2.6 本章小结

本章首先给出四旋翼飞行器姿态控制中所需要的参考坐标系和坐标转换。基于参考坐标系提出了四旋翼飞行器姿态描述的常见方法及转换公式。同时，通过不同的姿态控制目标给出对应的姿态运动学和动力学模型，为后续设计和分析四旋翼飞行器的姿态控制提供了坚实的基础。

参考文献

[1] Sidi M J. Spacecraft Dynamics and Control: A Practical Engineering Approach[M]. 7rd edition. Cambridge: Cambridge University Press, 1997.

[2] Goldstein H, Poole C, Safko J. Classical Mechanics[M]. 3rd edition. San Francisco: Addison-Wesley, 2002.

[3] Liu H, Xi J X, Zhong Y S. Robust attitude stabilization for nonlinear quadrotor systems with uncertainties and delays[J]. IEEE Transactions on Industrial Electronics, 2017, 64(7): 5585-5594.

第 3 章　RBF 网络的有限时间自适应姿态控制

3.1　引　　言

由于四旋翼飞行器应用范围大的优点，四旋翼飞行器姿态控制在众多领域获得了广泛的关注。根据飞行任务的种类设计合适的控制律，对于四旋翼飞行器姿态控制研究是十分重要的[1-5]。然而，文献[1-5]中所提出的控制方案只能保证四旋翼飞行器姿态或跟踪误差的渐近收敛，这意味着系统状态是在无穷时间内收敛到零的。由于在实际应用中，控制器设计对收敛速度和控制精度有一定的要求，因此，有限时间控制方法被提出并用于解决不同非线性系统的姿态控制问题[6,7]。文献[8]通过构造参数更新律来补偿参数不确定性，设计自适应滑模控制器来保证四旋翼飞行器跟踪误差的有限时间收敛。文献[9]结合积分反步技术和终端滑模控制设计有限时间自适应控制律，保证 QUAV 的位置跟踪和姿态稳定，同时保证系统状态半全局实际有限时间一致最终有界。文献[10]提出了一种基于有限时间滑模观测器的四旋翼飞行器鲁棒跟踪控制方案，通过实验验证该方案的有效性，即四旋翼飞行器位置和姿态可以在有限时间内收敛。

为了解决有限时间滑模控制器对非线性系统模型的依赖性，神经网络（neural network，NN）具有逼近任意非线性函数的能力，因此被用于实现非线性系统的滑模控制任务[11,12]中。利用神经网络技术，可以近似估计非线性系统的动力学参数。在过去的十年中，RBFNN 方法[13,14]被广泛地引入到非线性系统控制中。与常见的深度神经网络相比，RBFNN 具有更快的收敛速度和局部逼近的能力，避免了局部极小问题。因此，RBFNN 更适合于对实时性要求较高的控制，如四旋翼飞行器姿态控制。此外，RBFNN 网络结构简单，可以避免不必要的复杂计算，便于实际应用中的实现。虽然，RBFNN 已成功地应用于多种不确定非线性系统[11-15]中，但在四旋翼飞行器中的应用仍较少。

受上述讨论的启发，本章针对存在惯性不确定性和未知外部干扰的四旋翼飞行器姿态跟踪问题，提出基于径向基神经网络的有限时间自适应姿态跟踪方案。首先本章提出一种非奇异终端滑模面，实现系统跟踪误差的有限时间收敛。然后，采用 RBFNN 技术对未知非线性动态进行估计，并设计自适应更新律估计神经网络权值矩阵，无需系统模型的先验知识。构造有限时间自适应控制器，通过饱和函数避免控制器设计中潜在的奇异性问题。最后，根据李雅普诺夫稳定性保证系统跟踪误差的有限时间收敛。

3.2 问题描述

本章采用四旋翼飞行器动力学模型式（2-10），即

$$\boldsymbol{J}\dot{\boldsymbol{\omega}} = -\boldsymbol{\omega}^{\times}\boldsymbol{J}\boldsymbol{\omega} + \boldsymbol{u} + \boldsymbol{d} \tag{3-1}$$

其中，$\boldsymbol{J} \in \mathbb{R}^{3\times3}$ 是四旋翼飞行器的惯性矩阵，$\boldsymbol{\omega} = \left[\omega_1, \omega_2, \omega_3\right]^{\mathrm{T}} \in \mathbb{R}^{3\times1}$ 是四旋翼飞行器的角速度，$\boldsymbol{u} = \left[u_1, u_2, u_3\right]^{\mathrm{T}} \in \mathbb{R}^{3\times1}$ 是控制输入，$\boldsymbol{d} = \left[d_1, d_2, d_3\right]^{\mathrm{T}} \in \mathbb{R}^{3\times1}$ 表示未知外部干扰。

定义 $\boldsymbol{J} = \boldsymbol{J}_0 + \Delta\boldsymbol{J}$，将等式（3-1）改写为

$$\boldsymbol{J}_0\dot{\boldsymbol{\omega}} = -\boldsymbol{\omega}^{\times}\boldsymbol{J}_0\boldsymbol{\omega} - \boldsymbol{\omega}^{\times}\Delta\boldsymbol{J}\boldsymbol{\omega} - \Delta\boldsymbol{J}\dot{\boldsymbol{\omega}} + \boldsymbol{u} + \boldsymbol{d} \tag{3-2}$$

其中，$\boldsymbol{J}_0$ 和 $\Delta\boldsymbol{J}$ 分别表示四旋翼飞行器的标称惯性矩阵和不确定惯性矩阵。

本章使用四旋翼飞行器姿态跟踪模型式（2-15），即

$$\dot{\boldsymbol{e}}_q = \boldsymbol{e}_\omega \tag{3-3}$$

根据式（2-13）、式（3-2）和式（3-3）可以得到四旋翼飞行器的姿态跟踪误差模型如下：

$$\begin{aligned} &\dot{\boldsymbol{e}}_q = \boldsymbol{e}_\omega \\ &\dot{\boldsymbol{e}}_\omega = -\boldsymbol{J}_0^{-1}\boldsymbol{\omega}^{\times}\boldsymbol{J}_0\boldsymbol{\omega} - \boldsymbol{J}_0^{-1}\boldsymbol{\omega}^{\times}\Delta\boldsymbol{J}\boldsymbol{\omega} - \boldsymbol{J}_0^{-1}\Delta\boldsymbol{J}\dot{\boldsymbol{\omega}} + \boldsymbol{J}_0^{-1}\boldsymbol{u} + \boldsymbol{J}_0^{-1}\boldsymbol{d} - \dot{\boldsymbol{\omega}}^r \end{aligned} \tag{3-4}$$

本章的控制目标是考虑惯性不确定性和未知外部干扰的情况下，基于四旋翼飞行器跟踪误差模型式（3-4），设计控制器 $\boldsymbol{u}$ 使得系统跟踪误差 $\boldsymbol{e}_q$ 和 $\boldsymbol{e}_\omega$ 在有限时间内收敛到平衡点附近的邻域内。

在实际系统中，神经网络是用于未知非线性不确定性的在线估计技术。由于其优越的逼近能力，构造神经网络函数可以方便地处理复杂的系统模型，利用神经网络技术估计未知非线性不确定性函数。

由于径向基神经网络在函数逼近方面的特性，RBFNN 在控制领域被广泛应用于非线性函数的估计。RBFNN 作为前馈网络的代表，具有显著的局部逼近能力。与深度神经网络相比，RBFNN 能有效地避免局部极小值，具有更快的学习收敛能力，同时，其网络结构在数学上也更为直观。因此，本章采用 RBFNN 作为估计未知不确定性的技术。

RBFNN 由三部分组成：输入层、输出层和隐含层。如图 3-1 所示，$\boldsymbol{x}\in\left[x_1,x_2,\cdots,x_n\right]^{\mathrm{T}}$ 是神经网络的输入向量，$\boldsymbol{W}\in\left[W_1,W_2,\cdots,W_m\right]^{\mathrm{T}}$ 表示第 m 个网络节点的权重，$\boldsymbol{y}$ 表示输出向量，$\boldsymbol{\phi}(\boldsymbol{x})=\left[\phi_1,\phi_2,\cdots,\phi_m\right]^{\mathrm{T}}$ 是基函数，它可以通过高斯函数的线性组合以任意的高精度逼近各项连续函数。此外，具有高斯径向基函数的神经元具有非常强的选择性响应，对接近径向单位中心的模式具有高激活性，而对远端模式的激活性低。该特性减少了神经网络的计算量，提高了神经网络的学习速度。因此本章选择高斯函数作为基函数，即

$$\boldsymbol{\phi}_k\left(\boldsymbol{x}\right)=\exp\left[\frac{-\left(\boldsymbol{x}-\mu_k\right)^{\mathrm{T}}\left(\boldsymbol{x}-\mu_k\right)}{a_k^2}\right],\quad k=1,2,\cdots,m \tag{3-5}$$

其中，μ_k 为径向基函数的中心，a_k 表示网络节点 m 的缩放参数。

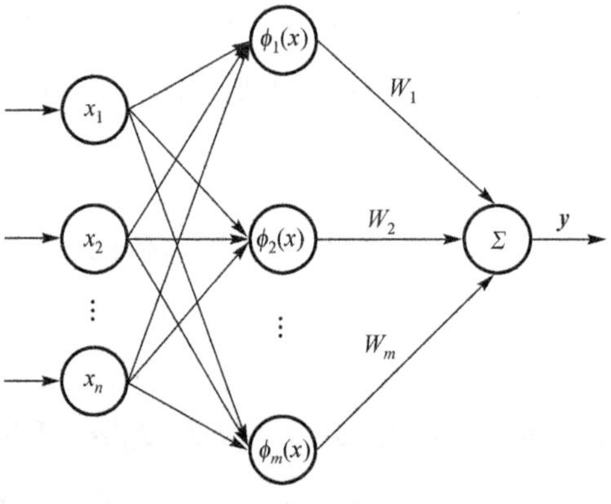

图 3-1　径向基神经网络的结构

因此，网络的输出向量 $\boldsymbol{y}$ 可以表示为

$$\boldsymbol{y}=\sum_{k=1}^{m}\boldsymbol{W}_k\boldsymbol{\phi}_k \tag{3-6}$$

考虑到 RBFNN 具有良好的非线性逼近能力，将非线性函数 F 的近似系统模型定义为

$$F(x)=\boldsymbol{W}^{\mathrm{T}}\boldsymbol{\phi}(\boldsymbol{x})+\varepsilon \tag{3-7}$$

其中，ε 是近似误差。

引理 3.1[16]　给定正数 $a_1,a_2,\cdots,a_n$ 和 p，则以下关系成立：

$$\begin{cases}\sum_{i=1}^{n}a_i^p \geqslant n^{1-p}\left(\sum_{i=1}^{n}a_i\right)^p, & p>1\\ \sum_{i=1}^{n}a_i^p \geqslant \left(\sum_{i=1}^{n}a_i\right)^p, & 0<p<1\end{cases} \tag{3-8}$$

引理 3.2[17]　对于任意的参数 $\lambda_1>0$，$\lambda_2>0$，$0<\iota<1$，如果存在连续正定的李雅普诺夫函数 $V(x)$ 可以表示为

$$\dot{V}(x)+\lambda_1 V(x)+\lambda_2 V^{\iota}(x)\leqslant 0 \tag{3-9}$$

则 $V(x)$ 在有限时间内到达 $V(x)\equiv 0$，其到达时间为

$$T_0\leqslant \frac{1}{\lambda_1(1-\iota)}\ln\frac{\lambda_1 V^{1-\iota}(x_0)+\lambda_2}{\lambda_2} \tag{3-10}$$

其中，$V(x_0)$ 是 $V(x)$ 的初始状态。

引理 3.3　给定一个连续函数 $f(x)=x^{\iota}-\iota x$，其中，$1\leqslant\iota\leqslant 2$，对于任意 $x>0$，存在以下不等式：

$$\frac{x^{\iota}}{\iota}\geqslant x+\frac{1-\iota}{\iota} \tag{3-11}$$

证明　对 $f(x)$ 进行求导：

$$f'(x)=\iota\left(x^{\iota-1}-1\right) \tag{3-12}$$

由式（3-11）可以得出，对于 $1\leqslant\iota\leqslant 2$，当 $x=1$ 时，得到 $f(x)$ 的最小值，即

$$f(x)\geqslant f(1) \tag{3-13}$$

导致

$$x^{\iota}-\iota x\geqslant 1-\iota \tag{3-14}$$

因此，存在以下关系：

$$\frac{x^{\iota}}{\iota} \geqslant x + \frac{1-\iota}{\iota} \tag{3-15}$$

3.3　RBF 网络的有限时间自适应控制

3.3.1　非奇异终端滑模面设计

本章构造了一种快速收敛的非奇异终端滑动变量为

$$\boldsymbol{s} = \boldsymbol{e}_q + \frac{\lambda_1}{2-a}\mathbf{sig}^{2-a}\left(\boldsymbol{e}_\omega + \lambda_2 \boldsymbol{e}_q\right) \tag{3-16}$$

其中，$\boldsymbol{s} = \left[s_1, s_2, s_3\right]^{\mathrm{T}} \in \mathbb{R}^{3\times 1}$，$\lambda_1 > 0$，$\lambda_2 > 0$，$0 < a = a_1/a_2 < 1$，$a_1$ 和 a_2 为正奇数，$\mathbf{sig}^r(\boldsymbol{x}) = \left[|x_1|^r \operatorname{sgn}(x_1), |x_2|^r \operatorname{sgn}(x_2), |x_3|^r \operatorname{sgn}(x_3)\right]^{\mathrm{T}}$，$\boldsymbol{x} = \left[x_1, x_2, x_3\right]^{\mathrm{T}} \in \mathbb{R}^{3\times 1}$，$r$ 是正常数。

式（3-16）关于时间的一阶导数表示为

$$\dot{\boldsymbol{s}} = \boldsymbol{e}_\omega + \lambda_1 \left|\boldsymbol{e}_\omega + \lambda_2 \boldsymbol{e}_q\right|^{1-a} \cdot \left(\dot{\boldsymbol{e}}_\omega + \lambda_2 \boldsymbol{e}_\omega\right) \tag{3-17}$$

由于$1-a>0$的事实，可以清楚地看出式（3-17）中不存在奇异性问题。

当滑动变量 $\boldsymbol{s}$ 到达滑模面 $\boldsymbol{s}=0$ 时，式（3-16）可以改写为

$$\boldsymbol{e}_q + \frac{\lambda_1}{2-a}\mathbf{sig}^{2-a}\left(\boldsymbol{e}_\omega + \lambda_2 \boldsymbol{e}_q\right) = 0 \tag{3-18}$$

根据以下关系$0 < a = a_1/a_2 < 1$，可得

$$\left(\frac{2-a}{\lambda_1}\right)^{\frac{1}{2-a}} \boldsymbol{e}_q^{\frac{1}{2-a}} = -\left(\boldsymbol{e}_\omega + \lambda_2 \boldsymbol{e}_q\right) \tag{3-19}$$

由式（3-19）得到，式（3-16）的等价方程可以表示为

$$\boldsymbol{s} = \boldsymbol{e}_\omega + \lambda_2 \boldsymbol{e}_q + \left(\frac{2-a}{\lambda_1}\right)^{\frac{1}{2-a}} \boldsymbol{e}_q^{\frac{1}{2-a}} = 0 \tag{3-20}$$

将式（3-4）的第一个方程代入式（3-17）得到

$$\dot{\boldsymbol{e}}_q = -\lambda_2 \boldsymbol{e}_q - \left(\frac{2-a}{\lambda_1}\right)^{\frac{1}{2-a}} \boldsymbol{e}_q^{\frac{1}{2-a}} \tag{3-21}$$

引理 3.4　当滑动变量到达滑模面 $\boldsymbol{s}=0$ 时，跟踪误差 $\boldsymbol{e}_q$ 和 $\boldsymbol{e}_\omega$ 分别是有限时间收敛的。

证明　为说明跟踪误差 $\boldsymbol{e}_q$ 在 $\boldsymbol{s}=0$ 时是有限时间收敛的，设计了以下李雅普诺夫函数：

$$V_1 = \frac{1}{2}\boldsymbol{e}_q^{\mathrm{T}}\boldsymbol{e}_q \tag{3-22}$$

对 V_1 进行求导并考虑式（3-21）的结果，可得

$$\begin{aligned}\dot{V}_1 &= \boldsymbol{e}_q^{\mathrm{T}}\dot{\boldsymbol{e}}_q = \boldsymbol{e}_q^{\mathrm{T}}\left[-\lambda_2 \boldsymbol{e}_q - \left(\frac{2-a}{\lambda_1}\right)^{\frac{1}{2-a}} \boldsymbol{e}_q^{\frac{1}{2-a}}\right] \\ &= -\lambda_2 \left|\boldsymbol{e}_q\right|^2 - \left(\frac{2-a}{\lambda_1}\right)^{\frac{1}{2-a}} \left|\boldsymbol{e}_q\right|^{1+\frac{1}{2-a}} \\ &= -\bar{\lambda}_1 V_1 - \bar{\lambda}_2 V_1^{\iota_0}\end{aligned} \tag{3-23}$$

其中，$\bar{\lambda}_1 = 2\lambda_2$，$\bar{\lambda}_2 = 2^{\frac{3-a}{4-2a}}\left(\frac{2-a}{\lambda_1}\right)^{\frac{1}{2-a}}$，$\iota_0 = \frac{1}{2}+\frac{1}{4-2a}$。

根据式（3-23）和引理 3.2，跟踪误差 $\boldsymbol{e}_q$ 和 $\boldsymbol{e}_\omega$ 是有限时间收敛且收敛时间满足

$$T_s \leqslant \frac{1}{\bar{\lambda}_1(1-\iota_0)} \ln \frac{\bar{\lambda}_1 V_1^{1-\iota_0}\left(\boldsymbol{e}_q(0)\right)+\bar{\lambda}_2}{\bar{\lambda}_2} \tag{3-24}$$

其中，$\boldsymbol{e}_q(0)$ 是 $\boldsymbol{e}_q(t)$ 的初始值。

将式（3-4）代入式（3-17）得到

$$\begin{aligned}\dot{\boldsymbol{s}} &= \boldsymbol{e}_\omega + \lambda_1\left|\dot{\boldsymbol{e}}_q + \lambda_2\boldsymbol{e}_q\right|^{1-a} \cdot \left(-\boldsymbol{J}_0^{-1}\boldsymbol{\omega}^{\times}\boldsymbol{J}_0\boldsymbol{\omega} - \boldsymbol{J}_0^{-1}\boldsymbol{\omega}^{\times}\Delta\boldsymbol{J}\boldsymbol{\omega} - \boldsymbol{J}_0^{-1}\Delta\boldsymbol{J}\dot{\boldsymbol{\omega}} + \boldsymbol{J}_0^{-1}\boldsymbol{u}\right. \\ &\quad \left. + \boldsymbol{J}_0^{-1}\boldsymbol{d} - \dot{\boldsymbol{\omega}}^r + \lambda_2\boldsymbol{e}_\omega\right) \\ &= \boldsymbol{e}_\omega + \boldsymbol{g}\left(\boldsymbol{J}_0^{-1}\boldsymbol{u} + \boldsymbol{J}_0^{-1}\boldsymbol{d} - \boldsymbol{J}_0^{-1}\boldsymbol{\omega}^{\times}\boldsymbol{J}_0\boldsymbol{\omega} - \boldsymbol{J}_0^{-1}\boldsymbol{\omega}^{\times}\Delta\boldsymbol{J}\boldsymbol{\omega} - \boldsymbol{J}_0^{-1}\Delta\boldsymbol{J}\dot{\boldsymbol{\omega}} - \dot{\boldsymbol{\omega}}^r + \lambda_2\boldsymbol{e}_\omega\right) \\ &= \boldsymbol{e}_\omega + \boldsymbol{g}(\boldsymbol{J}_0^{-1}\boldsymbol{u} + \boldsymbol{F})\end{aligned} \tag{3-25}$$

其中，

$$\boldsymbol{F}=\boldsymbol{J}_0^{-1}\boldsymbol{d}-\boldsymbol{J}_0^{-1}\boldsymbol{\omega}^{\times}\boldsymbol{J}_0\boldsymbol{\omega}-\boldsymbol{J}_0^{-1}\boldsymbol{\omega}^{\times}\Delta\boldsymbol{J}\boldsymbol{\omega}-\boldsymbol{J}_0^{-1}\Delta\boldsymbol{J}\dot{\boldsymbol{\omega}}-\dot{\boldsymbol{\omega}}^{r}+\lambda\boldsymbol{e}_{\omega} \tag{3-26}$$

$$\boldsymbol{\sigma}=\dot{\boldsymbol{e}}_q+\lambda\boldsymbol{e}_q \tag{3-27}$$

$$\boldsymbol{g}=\lambda_1\mathrm{diag}\left(\left|\boldsymbol{\sigma}_i\right|^{1-a}\right),\ i=1,2,3 \tag{3-28}$$

3.3.2　控制器和自适应更新律设计

为保证系统的稳态性能，给出如下的指数趋近律：

$$\dot{\boldsymbol{s}}=-\left(k_1\boldsymbol{s}+k_2\mathbf{sig}^{\gamma}(\boldsymbol{s})\right) \tag{3-29}$$

其中，$k_1>0$，$k_2>0$和$0<\gamma<1$。

考虑到 RBFNN 具有良好的非线性逼近能力，利用式（3-7）对非线性不确定性式（3-26）进行近似：

$$F_i\left(\boldsymbol{x}_i\right)=\boldsymbol{W}_i^{*\mathrm{T}}\boldsymbol{\phi}\left(\boldsymbol{x}_i\right)+\varepsilon_i \tag{3-30}$$

其中，$i=1,2,3$，$\boldsymbol{x}_i\in\left[e_{q_i},\dot{e}_{q_i},\omega_i^r,\dot{\omega}_i^r\right]^{\mathrm{T}}\in\mathbb{R}^{4\times1}$是神经网络输入向量，$\boldsymbol{W}_i^*\in\mathbb{R}^{4\times1}$表示理想权值向量，$\boldsymbol{\phi}\left(\boldsymbol{x}_i\right)\in\mathbb{R}^{4\times1}$表示高斯函数，$\left|\varepsilon_i\right|\leqslant\varepsilon_N$，$\varepsilon_N$为正常数。

由式（3-25）和式（3-29）可以设计所需的有限时间自适应控制器为

$$\boldsymbol{u}=\boldsymbol{J}_0\left[\boldsymbol{g}^{-1}\left(-k_1\boldsymbol{s}-k_2\cdot\mathbf{sig}^{\gamma}(\boldsymbol{s})-\boldsymbol{e}_{\omega}\right)-\hat{\boldsymbol{W}}^{\mathrm{T}}\boldsymbol{\phi}\left(\boldsymbol{x}\right)-k_3\boldsymbol{g}\boldsymbol{s}\right] \tag{3-31}$$

其中，$k_3>0$，$\hat{\boldsymbol{W}}=\mathrm{diag}\left(\hat{W}_1,\hat{W}_2,\hat{W}_3\right)$，$\boldsymbol{\phi}\left(\boldsymbol{x}\right)=\left[\phi\left(x_1\right),\phi\left(x_2\right),\phi\left(x_3\right)\right]^{\mathrm{T}}$，$\hat{\boldsymbol{W}}_i$用来估计$\boldsymbol{W}_i^*$，$i=1,2,3$。

然而，对于式（3-31）设计的控制器，当$\boldsymbol{e}_q\to0$时，根据式（3-27）中$\boldsymbol{\sigma}$的定义可得$\boldsymbol{\sigma}\to0$，此时$\boldsymbol{g}\to0$。因此，由于$\boldsymbol{g}$的存在，控制器式（3-31）存在奇异性问题。

为了解决控制器设计中潜在的奇异性问题，利用饱和函数限制奇异项$\boldsymbol{g}$，即

$$\boldsymbol{g}_{sat}=\begin{cases}\boldsymbol{g}, & |\boldsymbol{g}|\leqslant\xi\\ \xi\cdot\mathrm{sgn}\left(\boldsymbol{g}\right), & |\boldsymbol{g}|>\xi\end{cases} \tag{3-32}$$

其中，ξ 是可设计的正常数。

因此，由式（3-31）和式（3-32），可将控制器改写为

$$\boldsymbol{u}=\boldsymbol{J}_0\left[\boldsymbol{g}_{sat}^{-1}\left(-k_1\boldsymbol{s}-k_2\cdot\mathbf{sig}^{\gamma}(\boldsymbol{s})-\boldsymbol{e}_{\omega}\right)-\hat{\boldsymbol{W}}^{\mathrm{T}}\boldsymbol{\phi}(\boldsymbol{x})-k_3\boldsymbol{g}\boldsymbol{s}\right] \tag{3-33}$$

设计神经网络自适应更新律为

$$\dot{\hat{\boldsymbol{W}}}_i=\delta_i\left(g_i s_i\boldsymbol{\phi}(\boldsymbol{x}_i)-\varpi_i\hat{\boldsymbol{W}}_i\right) \tag{3-34}$$

其中，$\delta_i>0$，$\varpi_i>0$，$i=1,2,3$。

3.4 稳定性分析

在本节中，给出以下定理证明四旋翼飞行器姿态跟踪误差和角速度误差能实现有限时间收敛。

定理 3.1 考虑四旋翼飞行器姿态跟踪系统式（3-4）、非奇异终端滑模面式（3-16）、有限时间控制器式（3-33）和自适应更新律式（3-34），可以实现：

①闭环系统的所有信号都是一致最终有界的；

②滑动变量 $\boldsymbol{s}$ 在有限时间内收敛到均衡的邻域内；

③跟踪误差 $\boldsymbol{e}_q$ 和 $\boldsymbol{e}_{\omega}$ 在有限时间内分别收敛到原点的一个小区域内。

证明 为便于证明，我们将跟踪误差状态空间 $\left[\boldsymbol{e}_q,\boldsymbol{e}_{\omega}\right]^{\mathrm{T}}\in\mathbb{R}^{2\times1}$ 分割成两个相对的区域，如下所示：

$$E_1=\left\{\left(\boldsymbol{e}_q,\boldsymbol{e}_{\omega}\right):|g_i|\leqslant\xi\right\} \tag{3-35}$$

$$E_2=\left\{\left(\boldsymbol{e}_q,\boldsymbol{e}_{\omega}\right):|g_i|>\xi\right\} \tag{3-36}$$

第一步：构造一个李雅普诺夫函数 V_2：

$$V_2=\frac{1}{2}\boldsymbol{s}^{\mathrm{T}}\boldsymbol{s}+\sum_{i=1}^{3}\frac{1}{2\delta_i}\tilde{\boldsymbol{W}}_i^{\mathrm{T}}\tilde{\boldsymbol{W}}_i \tag{3-37}$$

其中，$\tilde{\boldsymbol{W}}_i=\boldsymbol{W}_i^*-\hat{\boldsymbol{W}}_i$。

对式（3-37）求导，可得

$$\begin{aligned}\dot{V}_2 &= \boldsymbol{s}^{\mathrm{T}}\dot{\boldsymbol{s}} - \sum_{i=1}^{3}\frac{1}{\delta_i}\tilde{\boldsymbol{W}}_i^{\mathrm{T}}\dot{\hat{\boldsymbol{W}}}_i \\ &= \boldsymbol{s}^{\mathrm{T}}\boldsymbol{g}\left(\boldsymbol{J}_0^{-1}\boldsymbol{u}+\boldsymbol{F}\right) - \sum_{i=1}^{3}\frac{1}{\delta_i}\tilde{\boldsymbol{W}}_i^{\mathrm{T}}\dot{\hat{\boldsymbol{W}}}_i\end{aligned} \tag{3-38}$$

当跟踪误差状态$\left(\boldsymbol{e}_q,\boldsymbol{e}_\omega\right)$位于区域$E_1$时，可以得到$\boldsymbol{g}_{sat}=\boldsymbol{g}$。此时，考虑将式（3-7）和式（3-33）代入式（3-38），得到

$$\begin{aligned}\dot{V}_2 &= \boldsymbol{s}^{\mathrm{T}}\boldsymbol{g}\left(\boldsymbol{J}_0^{-1}\cdot\boldsymbol{J}_0\left[\boldsymbol{g}^{-1}\left(-k_1\boldsymbol{s}-k_2\cdot\mathbf{sig}^{\gamma}(\boldsymbol{s})-\boldsymbol{e}_\omega\right)-\hat{\boldsymbol{W}}^{\mathrm{T}}\boldsymbol{\phi}(\boldsymbol{x})-k_3\boldsymbol{g}\boldsymbol{s}\right]+\boldsymbol{W}^{*\mathrm{T}}\boldsymbol{\phi}_1+\boldsymbol{\varepsilon}\right) \\ &\quad -\sum_{i=1}^{3}\frac{1}{\delta_i}\tilde{\boldsymbol{W}}_i^{\mathrm{T}}\dot{\hat{\boldsymbol{W}}}_i \\ &\leqslant \boldsymbol{s}^{\mathrm{T}}\boldsymbol{g}\left(\boldsymbol{g}^{-1}\left(-k_1\boldsymbol{s}-k_2\cdot\mathbf{sig}^{\gamma}(\boldsymbol{s})-\boldsymbol{e}_\omega\right)-\hat{\boldsymbol{W}}^{\mathrm{T}}\boldsymbol{\phi}(\boldsymbol{x})+\boldsymbol{W}^{*\mathrm{T}}\boldsymbol{\phi}_1+\boldsymbol{\varepsilon}-k_3\boldsymbol{g}\boldsymbol{s}\right) \\ &\leqslant \boldsymbol{s}^{\mathrm{T}}\left(-k_1\boldsymbol{s}-k_2\mathbf{sig}^{\gamma}(\boldsymbol{s})\right)+\boldsymbol{s}^{\mathrm{T}}\boldsymbol{g}\left(\tilde{\boldsymbol{W}}_1^{\mathrm{T}}\boldsymbol{\phi}_1+\boldsymbol{\varepsilon}-k_3\boldsymbol{g}\boldsymbol{s}\right)-\sum_{i=1}^{3}\frac{1}{\delta_i}\tilde{\boldsymbol{W}}_i^{\mathrm{T}}\dot{\hat{\boldsymbol{W}}}_i\end{aligned} \tag{3-39}$$

其中，$\boldsymbol{\varepsilon}=\left[\varepsilon_1,\varepsilon_2,\varepsilon_3\right]^{\mathrm{T}}$。

将式（3-34）代入式（3-39），由引理 3.1 可得

$$\begin{aligned}\dot{V}_2 &\leqslant -k_1\sum_{i=1}^{3}s_i^2-k_2\sum_{i=1}^{3}\left|s_i\right|^{1+\gamma}-k_3\sum_{i=1}^{3}g_i^2s_i^2+\varepsilon_N\sum_{i=1}^{3}\left|g_i\right|\left|s_i\right|+\sum_{i=1}^{3}\varpi_i\tilde{\boldsymbol{W}}_i^{\mathrm{T}}\hat{\boldsymbol{W}}_i \\ &\leqslant -k_3'\sum_{i=1}^{3}g_i^2s_i^2-\sum_{i=1}^{3}\left(\sqrt{k_3''}\left|g_i\right|\left|s_i\right|-\frac{\varepsilon_N}{2\sqrt{k_3''}}\right)^2+\sum_{i=1}^{3}\varpi_i\tilde{\boldsymbol{W}}_i^{\mathrm{T}}\hat{\boldsymbol{W}}_i+\frac{3\varepsilon_N^2}{4k_3''}\end{aligned} \tag{3-40}$$

其中，$k_3=k_3'+k_3''$。

根据杨氏不等式，可得到

$$\varpi_i\tilde{\boldsymbol{W}}_i^{\mathrm{T}}\hat{\boldsymbol{W}} \leqslant \varpi_i\tilde{\boldsymbol{W}}_i^{\mathrm{T}}\left(\boldsymbol{W}_i^*-\tilde{\boldsymbol{W}}_i\right) \leqslant -\frac{\varpi_i}{2}\left\|\tilde{\boldsymbol{W}}_i\right\|^2+\frac{\varpi_i}{2}\left\|\boldsymbol{W}_i^*\right\|^2 \tag{3-41}$$

将式（3-41）代入式（3-40）得到

$$\begin{aligned}\dot{V}_2 &\leqslant -k_3'\sum_{i=1}^{3}g_i^2s_i^2-\frac{\varpi_i}{2}\left\|\tilde{\boldsymbol{W}}_i\right\|^2+\frac{\varpi_i}{2}\left\|\boldsymbol{W}_i^*\right\|^2+\frac{3\varepsilon_N^2}{4k_3''} \\ &\leqslant -\mu V_2+\varPhi_1\end{aligned} \tag{3-42}$$

其中，$\mu=\min\{2k_3'g_i^2,\delta_i\varpi_i\}$，$\varPhi_1=\dfrac{\varpi_i}{2}\left\|\boldsymbol{W}_i^*\right\|^2+\dfrac{3\varepsilon_N^2}{4k_3''}$。

根据式（3-37）～式（3-42）可以推断出，$\boldsymbol{s}$、$\tilde{\boldsymbol{W}}_1$、$\tilde{\boldsymbol{W}}_2$ 是一致最终有界的。

由式（3-21）和 $\boldsymbol{W}_1^*$、$\boldsymbol{W}_2^*$、$\boldsymbol{W}_3^*$ 的有界性，得出 $\boldsymbol{e}_q$、$\boldsymbol{e}_\omega$、$\hat{\boldsymbol{W}}_1$、$\hat{\boldsymbol{W}}_2$ 和 $\hat{\boldsymbol{W}}_3$ 是一致最终有界的，因此 g_i 也是一致最终有界的。根据式（3-4）和式（3-31）的定义，$\dot{\boldsymbol{e}}_\omega$ 和 $\boldsymbol{u}$ 都是一致最终有界的。由于 $\left\|\boldsymbol{\phi}(\boldsymbol{x})\right\|$ 被限制在式（3-5）中，可以得出结论 $\left\|\boldsymbol{s}^{\mathrm{T}}\boldsymbol{g}\tilde{\boldsymbol{W}}^{\mathrm{T}}\boldsymbol{\phi}\right\| \leqslant \eta_1$ 和 $\left\|\boldsymbol{s}^{\mathrm{T}}\boldsymbol{g}\boldsymbol{\varepsilon}\right\| \leqslant \eta_2$，其中，$\eta_1$ 和 η_2 是正常数。

第二步：构造以下李雅普诺夫候选函数：

$$V_3 = \frac{1}{2}\boldsymbol{s}^{\mathrm{T}}\boldsymbol{s} \tag{3-43}$$

由式（3-25）得到，V_3 的时间导数为

$$\begin{aligned}\dot{V}_3 &= \boldsymbol{s}^{\mathrm{T}}\dot{\boldsymbol{s}} \\ &= \boldsymbol{s}^{\mathrm{T}}\boldsymbol{g}\left(\boldsymbol{J}_0^{-1}\boldsymbol{u} + \boldsymbol{W}^{\mathrm{T}}\boldsymbol{\phi} + \boldsymbol{\varepsilon}\right)\end{aligned} \tag{3-44}$$

将控制器式（3-33）代入式（3-44）得到

$$\begin{aligned}\dot{V}_3 &\leqslant \boldsymbol{s}^{\mathrm{T}}\left(-k_1\boldsymbol{s} - k_2\mathbf{sig}^{\gamma}(\boldsymbol{s})\right) + \boldsymbol{s}^{\mathrm{T}}\boldsymbol{g}\left(\tilde{\boldsymbol{W}}^{\mathrm{T}}\boldsymbol{\phi}_1 + \boldsymbol{\varepsilon} - k_3\boldsymbol{g}\boldsymbol{s}\right) \\ &\leqslant -k_1\sum_{i=1}^{3}s_i^2 - k_2\sum_{i=1}^{3}\left|s_i\right|^{1+\gamma} - k_3\sum_{i=1}^{3}g_i^2 s_i^2 + \boldsymbol{s}^{\mathrm{T}}\boldsymbol{g}\tilde{\boldsymbol{W}}^{\mathrm{T}}\boldsymbol{\phi}_1 + \boldsymbol{s}^{\mathrm{T}}\boldsymbol{g}\boldsymbol{\varepsilon} \\ &\leqslant -\rho_1 V_3 - \rho_2 V_3^{\frac{1+\gamma}{2}} + \varPhi_2\end{aligned} \tag{3-45}$$

其中，$\rho_1 = \min\left\{2k_1, 1\right\}$，$\rho_2 = \min\left\{2^{\frac{1+\gamma}{2}}k_2, 1\right\}$ 和 $\varPhi_2 = \eta_1 + \eta_2$。

因此，可以式（3-45）转换为以下形式：

$$\dot{V}_3 \leqslant -\left(\rho_1 - \frac{\varPhi_2}{V_3}\right)V_3 - \rho_2 V_3^{\frac{1+\gamma}{2}} \tag{3-46}$$

或者

$$\dot{V}_3 \leqslant -\rho_1 V_3 - \left(\rho_2 - \frac{\varPhi_2}{V_3^{\frac{1+\gamma}{2}}}\right)V_3^{\frac{1+\gamma}{2}} \tag{3-47}$$

根据引理 3.2 和式（3-42），滑动变量 $\boldsymbol{s}$ 可以收敛到以下小区域：

$$\Delta s = \min\left\{\frac{\Phi_2}{\rho_1}, \left(\frac{\Phi_2}{\rho_2}\right)^{\frac{2}{1+\gamma}}\right\} \tag{3-48}$$

滑动变量 $\boldsymbol{s}$ 能在有限的时间内收敛，收敛时间 T_s 满足以下关系：

$$T_s \leqslant \frac{1}{\rho_1\left(1-\frac{1+\gamma}{2}\right)} \ln \frac{\rho_1 V_3^{1-\frac{1+\gamma}{2}}(s_0)+\rho_2}{\rho_2} \tag{3-49}$$

其中，s_0 为 $\boldsymbol{s}$ 的初始值。

由式（3-46）和式（3-47），可以得到滑动变量 s_j 满足以下关系：

$$\left|s_j\right| = \left|e_{q_j} + \frac{\lambda_1}{2-a}\operatorname{sig}^{2-a}\left(e_{\omega_j}+\lambda_2 e_{q_j}\right)\right| = \eta_j, \quad \left|\eta_j\right| \leqslant \Delta s \tag{3-50}$$

其中，$j=1,2,3$。

当 e_{q_j} 和 $\frac{\lambda_1}{2-a}\operatorname{sig}^{2-a}\left(e_{\omega_j}+\lambda_2 e_{q_j}\right)$ 都为正或者负时，η_j 将取得最大值。因此，在不失一般性的情况下，只考虑两项同时为正时，根据引理 3.3，存在以下关系：

$$\frac{\left|e_{\omega_j}+\lambda_2 e_{q_j}\right|^{2-a}}{2-a} \geqslant \left|e_{\omega_j}+\lambda_2 e_{q_j}\right| + \frac{a-1}{2-a} \tag{3-51}$$

在不等式（3-51）两边乘以 λ_1，加上 e_{q_j}，可以得到

$$e_{q_j} + \frac{\lambda_1\left(e_{\omega_j}+\lambda_2 e_{q_j}\right)^{2-a}}{2-a} \geqslant e_{q_j} + \lambda_1\left(e_{\omega_j}+\lambda_2 e_{q_j}\right) + \frac{\lambda_1(a-1)}{2-a} \tag{3-52}$$

将式（3-52）代入式（3-50）得到

$$e_{q_j} + \lambda_1 e_{\omega_j} + \lambda_1\lambda_2 e_{q_j} \leqslant \Delta\bar{s} \tag{3-53}$$

其中，$\Delta\bar{s} = \Delta s + \frac{\lambda_1(1-a)}{2-a}$。

由式（3-53）和引理 3.4 可知，跟踪误差 $\boldsymbol{e}_q$ 和 $\boldsymbol{e}_\omega$ 是有限时间收敛。因此，跟踪误差 e_{q_j} 和 e_{ω_j} 的有限时间收敛域为

$$\left|e_{q_j}\right| \leqslant \frac{\Delta\bar{s}}{1+\lambda_1\lambda_2} \tag{3-54}$$

和

$$\left|e_{\omega_j}\right| \leqslant \frac{2\Delta\bar{s}}{\lambda_1} \tag{3-55}$$

根据以上讨论，闭环系统式（3-4）中状态变量的收敛时间 T 是有界的，满足以下关系：

$$\begin{aligned} T &= T_r + T_s \\ &\leqslant \frac{1}{\bar{\lambda}_1(1-\iota_0)}\ln\frac{\bar{\lambda}_1 V_1^{1-\iota_0}\left(\boldsymbol{e}_q(0)\right)+\bar{\lambda}_2}{\bar{\lambda}_2} + \frac{1}{\rho_1\left(1-\frac{1+\gamma}{2}\right)}\ln\frac{\rho_1 V_3^{1-\frac{1+\gamma}{2}}\left(\boldsymbol{s}_0\right)+\rho_2}{\rho_2} \end{aligned} \tag{3-56}$$

综上可得，跟踪误差状态 $\left(\boldsymbol{e}_q,\boldsymbol{e}_\omega\right)$ 位于区域 E_1 时，滑动变量 $\boldsymbol{s}$、跟踪误差 $\boldsymbol{e}_q$ 和角速度跟踪误差 $\boldsymbol{e}_\omega$ 可以在有限时间内收敛至平衡点附近的邻域。

当跟踪误差状态 $\left(\boldsymbol{e}_q,\boldsymbol{e}_\omega\right)$ 位于区域 E_2 时，存在两个截然不同的条件：$\boldsymbol{e}_\omega(t)>0$ 和 $\boldsymbol{e}_\omega(t)<0$。

由式（3-3）可得，该表达式的解为

$$\boldsymbol{e}_q(t)=\boldsymbol{e}_q(0)+\int_0^t \boldsymbol{e}_\omega(t)\,\mathrm{d}t \tag{3-57}$$

由式（3-57）可以得出，当 $\boldsymbol{e}_\omega(t)>0$ 时，$\boldsymbol{e}_q(t)$ 沿着单向路径单调递增直到到达并通过 E_1 和 E_2 的边界；反之，当 $\boldsymbol{e}_\omega(t)<0$ 时，将单调递减直到到达并通过 E_1 和 E_2 的边界。

根据上述分析，跟踪误差状态 $\left(\boldsymbol{e}_q,\boldsymbol{e}_\omega\right)$ 将在有限时间内从 E_2 到达 E_1，而不是一直停留在 E_1 内。一旦跟踪误差状态 $\left(\boldsymbol{e}_q,\boldsymbol{e}_\omega\right)$ 到达 E_1，根据式（3-45），系统是有限时间收敛的。因此，无论跟踪误差状态 $\left(\boldsymbol{e}_q,\boldsymbol{e}_\omega\right)$ 在区域 E_1 或 E_2 内，跟踪误差都能在有限时间内收敛至平衡点附近的邻域。

注 3.1 由式（3-56）可知，收敛时间依赖于参数 $\bar{\lambda}_1$、$\bar{\lambda}_2$、k_1、k_2、ι_0 和 γ。选择较大的 $\bar{\lambda}_1$、$\bar{\lambda}_2$、k_1 和 k_2 来加快收敛速度，但同时在控制输入中会出现严重的非预期的抖振问题。因此，参数的选择需要在快速收敛速度和适当的控制输入之间取得平衡。

3.5　仿真结果及分析

在本节中，通过两个不同的仿真实验来验证姿态跟踪的性能。为了表明所提方法的优越性，给出了两种不同的控制器进行比较，即 M1 为本章所提出的控制方案；M2 为自适应线性滑模控制方案[17]。

为了直观地显示参考姿态轨迹的物理意义，通常使用参考姿态四元数 $[q_0^r, q_{v1}^r, q_{v2}^r, q_{v3}^r]$ 来获得期望的欧拉角 $[\phi_d, \theta_d, \psi_d]$，基于式（2-9）给出如下关系式：

$$\begin{bmatrix} q_0^r \\ q_{v1}^r \\ q_{v2}^r \\ q_{v3}^r \end{bmatrix} = \begin{bmatrix} \cos\frac{\psi_d}{2}\cos\frac{\theta_d}{2}\cos\frac{\phi_d}{2} + \sin\frac{\psi_d}{2}\sin\frac{\theta_d}{2}\sin\frac{\phi_d}{2} \\ \cos\frac{\psi_d}{2}\cos\frac{\theta_d}{2}\sin\frac{\phi_d}{2} - \sin\frac{\psi_d}{2}\sin\frac{\theta_d}{2}\cos\frac{\phi_d}{2} \\ \cos\frac{\psi_d}{2}\sin\frac{\theta_d}{2}\cos\frac{\phi_d}{2} + \sin\frac{\psi_d}{2}\cos\frac{\theta_d}{2}\sin\frac{\phi_d}{2} \\ \sin\frac{\psi_d}{2}\cos\frac{\theta_d}{2}\cos\frac{\phi_d}{2} - \cos\frac{\psi_d}{2}\sin\frac{\theta_d}{2}\sin\frac{\phi_d}{2} \end{bmatrix} \tag{3-58}$$

其中，ϕ_d，θ_d，ψ_d 分别表示期望轨迹的横滚角、俯仰角和偏航角。

考虑四旋翼飞行器系统模型式（3-4）的标称惯性矩阵为

$$\boldsymbol{J}_0 = \mathrm{diag}\left(\left[0.1, 0.1, 0.1\right]\right) \mathrm{kg/m^2} \tag{3-59}$$

不确定惯性矩阵为

$$\Delta\boldsymbol{J} = \mathrm{diag}\left(\left[1, 1, 2\right]\right) \mathrm{kg/m^2} \tag{3-60}$$

外部干扰给定为

$$\boldsymbol{d}(t) = \left[0.5\sin(0.5t), 0.5\sin(0.8t), 0.5\cos(t)\right]^{\mathrm{T}} \ \mathrm{N \cdot m} \tag{3-61}$$

四旋翼飞行器姿态欧拉角初始值为 $\phi(0) = 0^\circ$、$\theta(0) = 0^\circ$、$\psi(0) = 0^\circ$，初始角速度为 $\boldsymbol{\omega}(0) = [0, 0, 0]^{\mathrm{T}}$。

在 M1 控制方法中，终端滑模面式（3-16）参数设置为 $\lambda_1 = 0.1$、$\lambda_2 = 0.4$ 和 $a = \frac{5}{7}$。控制器式（3-33）相关参数选择为 $k_1 = 0.5$、$k_2 = 1.1$、$k_3 = 4$、$\gamma = 0.1$ 和 $\xi = 0.5$。RBFNN 节点数为 10，式(3-5)中高斯函数的相关参数给定为 $\mu_i \in (-2, 2)$

和 $a_i = \pi$ 。自适应更新律式（3-34）参数设定为 $\delta_i = 0.1$ ，$\varpi_i = 0.2$ 和 $\hat{\boldsymbol{W}}_i(0) = [0,0,0,0]^{\mathrm{T}}$ 。

在 M2 控制方法中，线性滑动变量 $\boldsymbol{s}$ 为

$$\boldsymbol{s} = \boldsymbol{e}_\omega + \lambda_0 \boldsymbol{e}_q \tag{3-62}$$

其中，$\lambda_0 = 7.5$，控制器设计为

$$\boldsymbol{u} = \boldsymbol{J}_0\left(\dot{\boldsymbol{\omega}}^r + \hat{\theta}_0 \operatorname{sgn}(\boldsymbol{s}) - \left(k_1\boldsymbol{s} + k_2\mathbf{sig}^\gamma(\boldsymbol{s})\right) - \lambda_0 \boldsymbol{e}_\omega\right) \tag{3-63}$$

其中，$\hat{\theta}_0$ 的自适应更新律为

$$\dot{\hat{\theta}}_0 = c_0\left(\|\boldsymbol{s}\| - \varepsilon_0 \hat{\theta}_0\right) \tag{3-64}$$

其中，$c_0 = 1$，$\varepsilon_0 = 0.002$，M2 的其他参数设置与 M1 相同。

3.5.1　固定欧拉角跟踪

为了验证控制方案 M1 的优越性，将跟踪固定欧拉角作为控制任务，考虑存在惯性不确定性和未知外部干扰的四旋翼飞行器姿态跟踪问题，对比 M1 和 M2 控制方案下系统姿态的跟踪性能，选取期望固定欧拉角 $\phi_d = \theta_d = \psi_d = 10^\circ$ 作为期望轨迹。

M1 和 M2 控制方案下姿态跟踪性能的对比结果如图 3-2～图 3-5 所示。不同控制方案下系统控制输入如图 3-2 所示。图 3-3 给出考虑惯性不确定性和外部干扰下的 M1 和 M2 控制方案的欧拉角跟踪性能对比结果。由图 3-3 可以看出，M1 中欧拉角在 0.5s 左右跟踪上期望轨迹，而 M2 中欧拉角在 1s 左右跟踪上期望轨迹。这表明 M1 和 M2 在实现同样姿态跟踪任务时，M1 中欧拉角的收敛时间比 M2 快近 0.5s。图 3-4 表示 M1 和 M2 控制方案的姿态四元数跟踪性能对比结果。由图 3-4 可以看出，M1 中姿态四元数在 0.5s 左右跟踪上期望轨迹，而 M2 中姿态四元数在 1s 左右跟踪上期望轨迹。由图 3-3 和图 3-4 得出，在存在各种未知非线性不确定性的情况下，与 M2 相比，M1 能提供更好的瞬态跟踪性能和更快的收敛速度。图 3-5 显示了自适应更新律中参数估计 $\hat{\boldsymbol{W}}$ 的收敛性能。

综合图3-2～图3-5可得，考虑存在惯性不确定性和未知外部干扰的四旋翼飞行器姿态跟踪问题，相比于M2控制方案，本章所提出的M1控制方案可以提供更快的收敛速度和更精确的姿态跟踪控制响应。

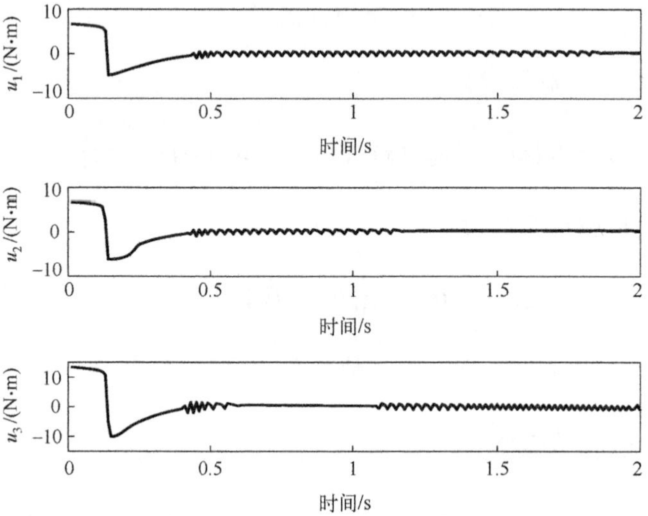

(a) M1方法

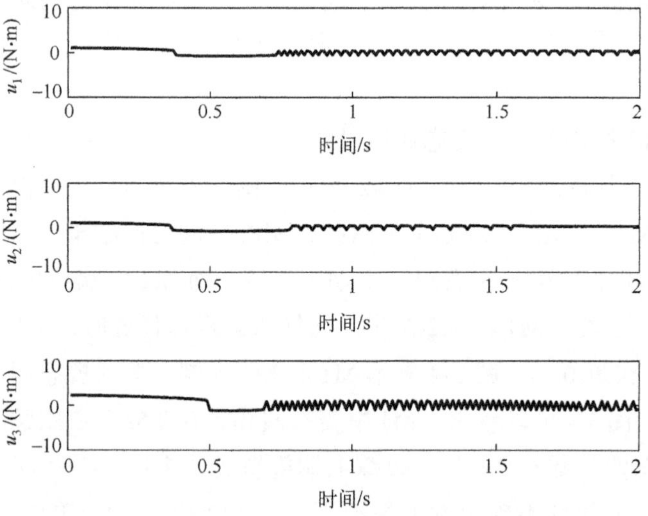

(b) M2方法

图 3-2　控制输入 1

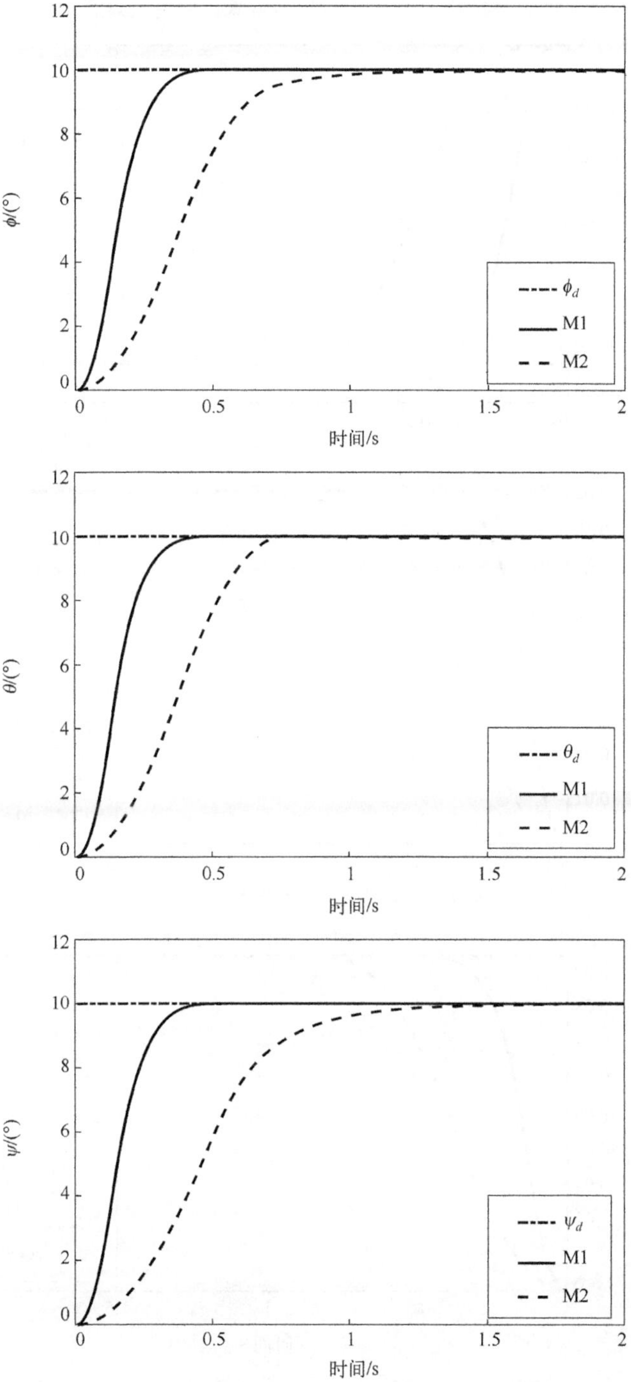

图 3-3　欧拉角的跟踪性能 1

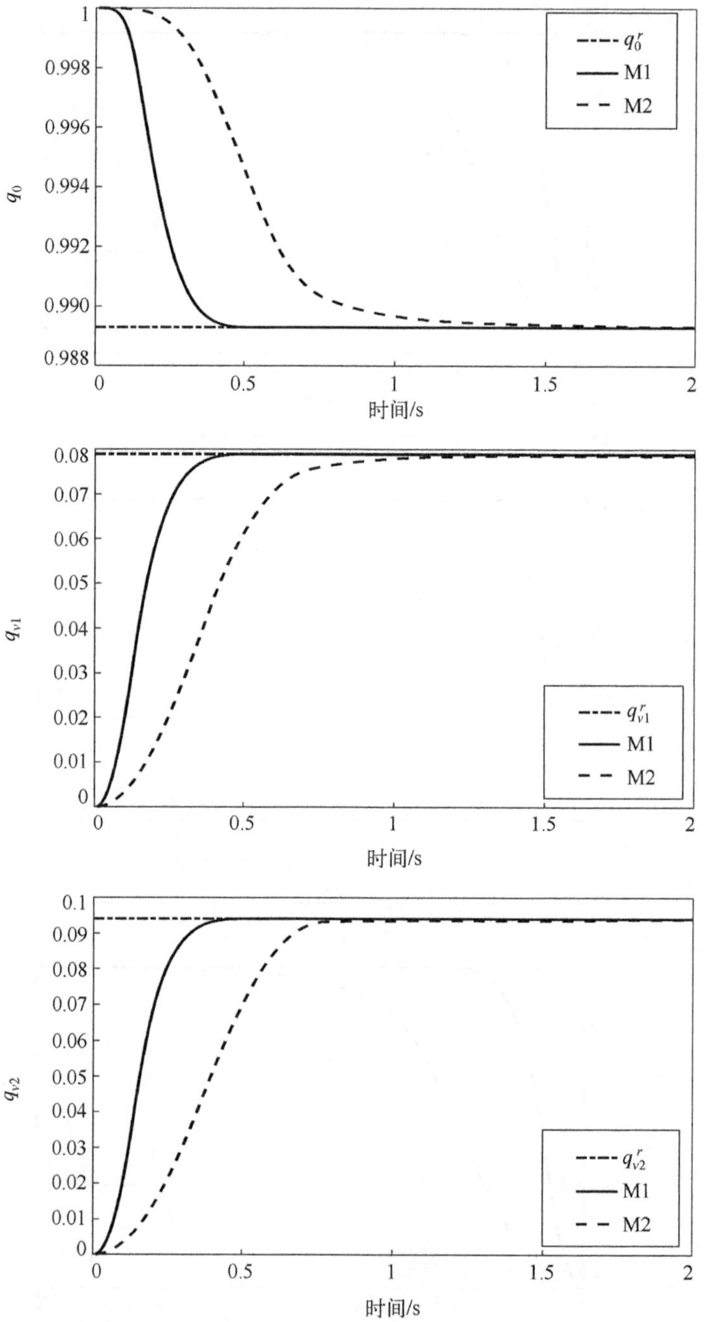

q_0
q_0^r
M1
M2
时间/s
q_{v1}
q_{v1}^r
M1
M2
时间/s
q_{v2}
q_{v2}^r
M1
M2
时间/s

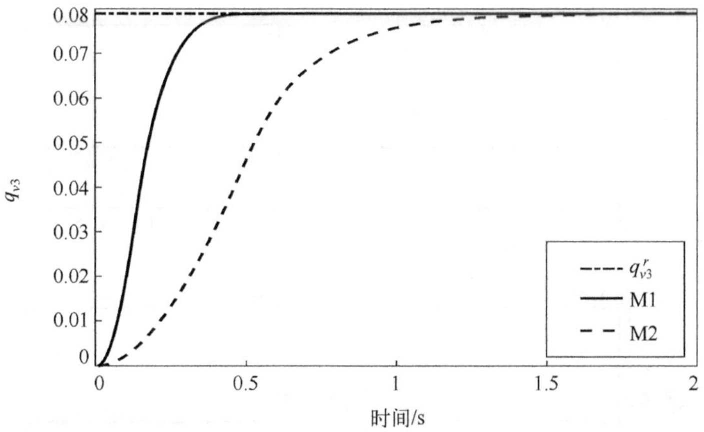

图 3-4　四元数的跟踪性能 1

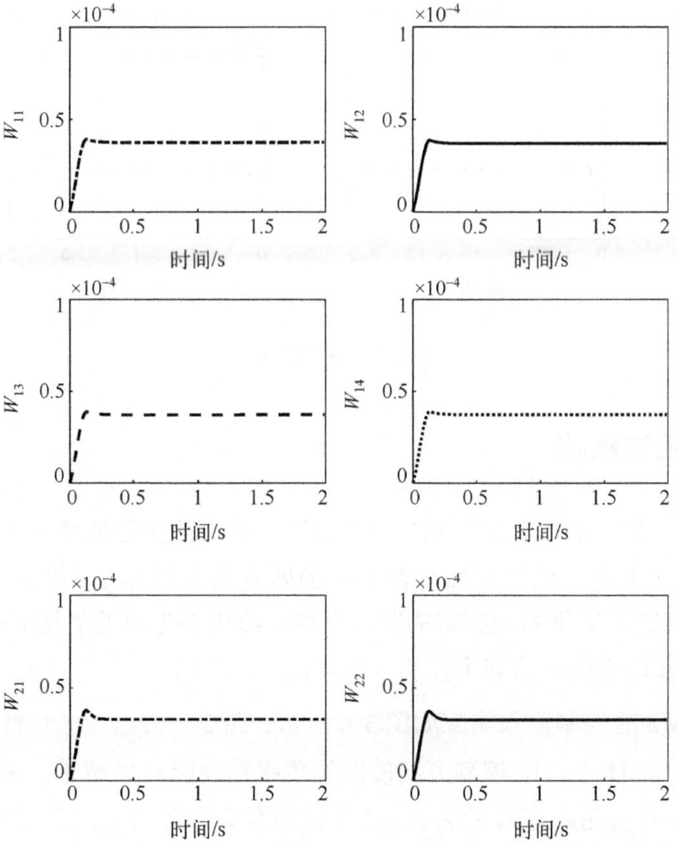

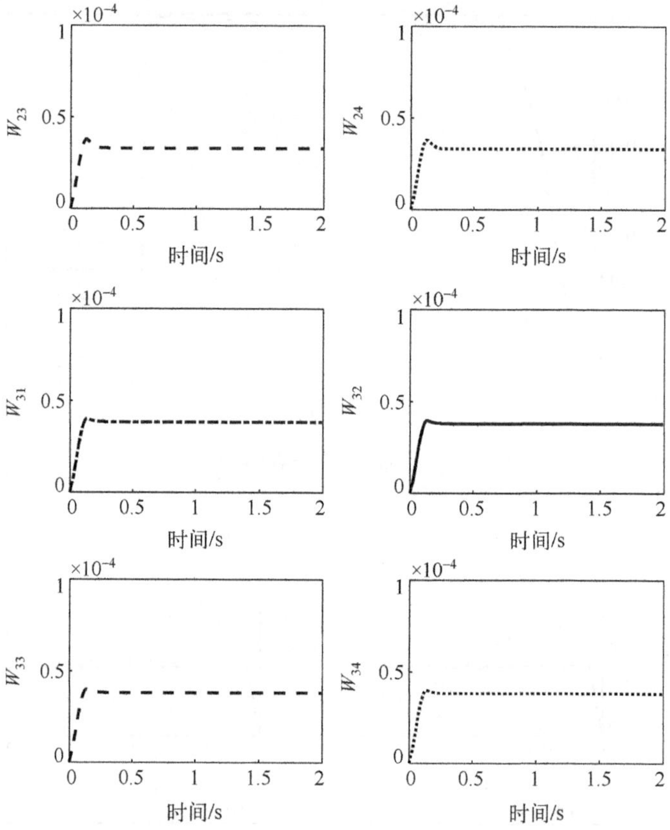

图 3-5　参数估计

3.5.2　正弦波跟踪

为了进一步验证控制方案 M1 的优越性，以跟踪正弦波信号为跟踪任务，考虑存在惯性不确定性和未知外部干扰的四旋翼飞行器姿态跟踪问题，对比 M1 和 M2 控制方案下系统姿态的跟踪性能。给定参考轨迹周期 $T=\pi/2$ 的正弦波信号，对应期望欧拉角如下：$\phi_d=\theta_d=\psi_d=\sin(4t)$。

M1 和 M2 的控制输入响应如图 3-6 所示。图 3-7 给出考虑惯性不确定性和外部干扰下的 M1 和 M2 控制方案的欧拉角跟踪性能对比结果。由图 3-7 可以看出，M1 中欧拉角跟踪效果优于 M2 中欧拉角跟踪效果。这表明在 M1 和 M2 能实现同样姿态跟踪任务时，M1 中欧拉角的跟踪精度比 M2 更高。图 3-8 表示

M1 和 M2 控制方案的姿态四元数跟踪性能对比结果。由图 3-8 可以看出，M1 中姿态四元数跟踪效果优于 M2 中姿态四元数跟踪效果。由图 3-7 和图 3-8 得出，存在各种未知非线性不确定性的情况下，与 M2 相比，M1 能提供更高的跟踪控制精度。从图 3-7 和图 3-8 可以看出 M1 比 M2 具有更好的跟踪指定正弦波的能力。

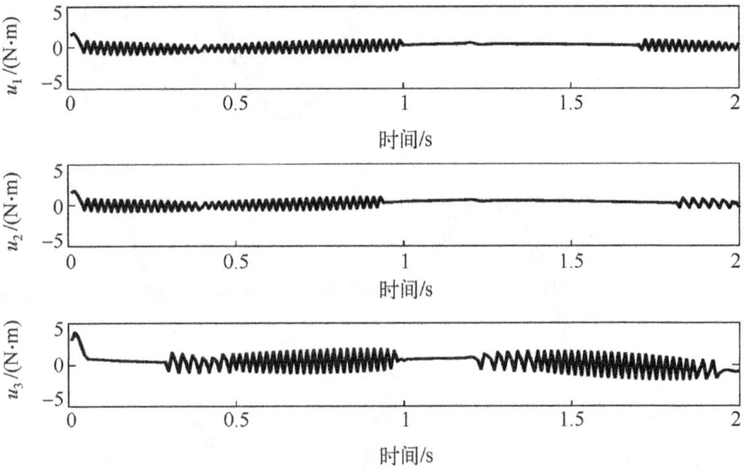

(a) M1方法

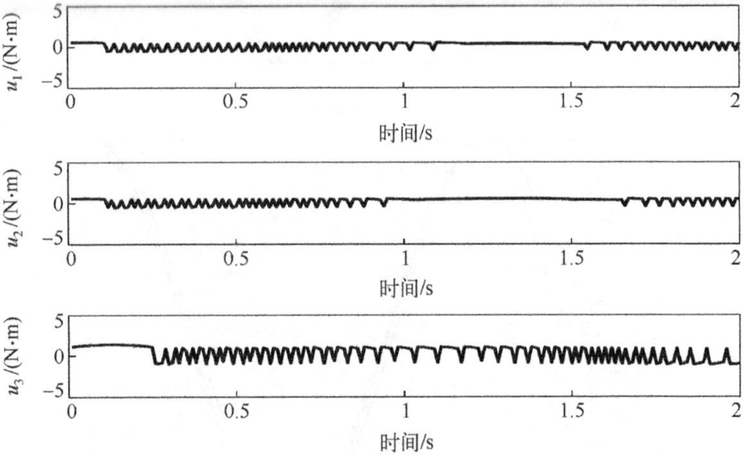

(b) M2方法

图 3-6　控制输入 2

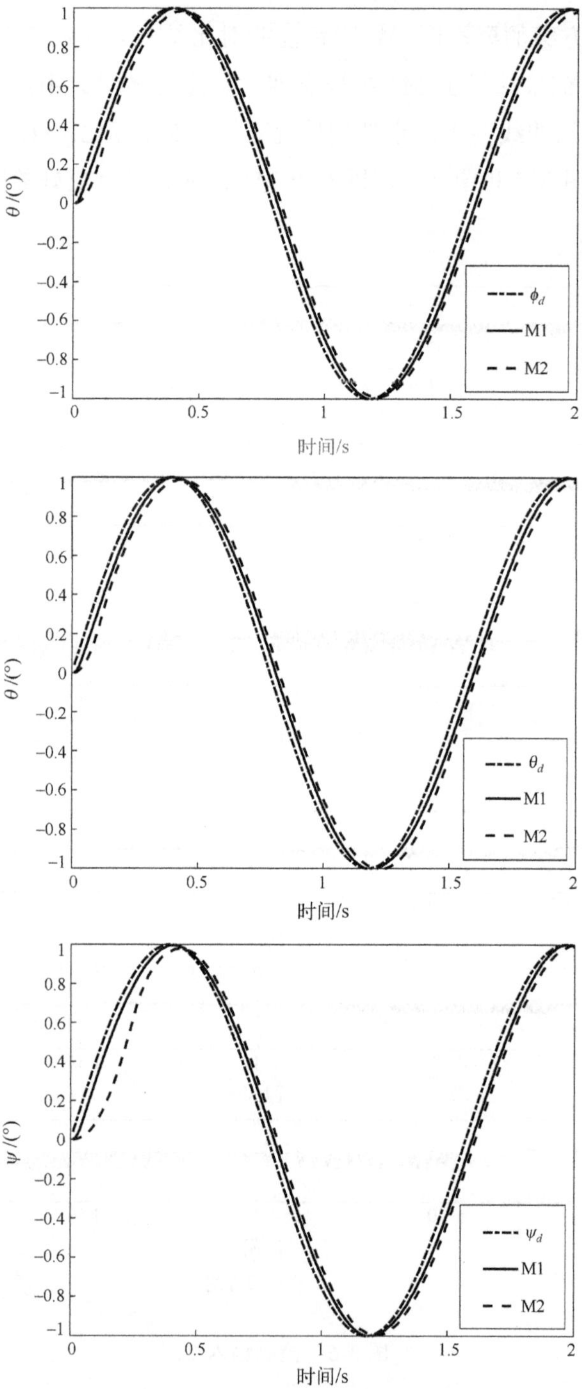

图 3-7　欧拉角的跟踪性能 2

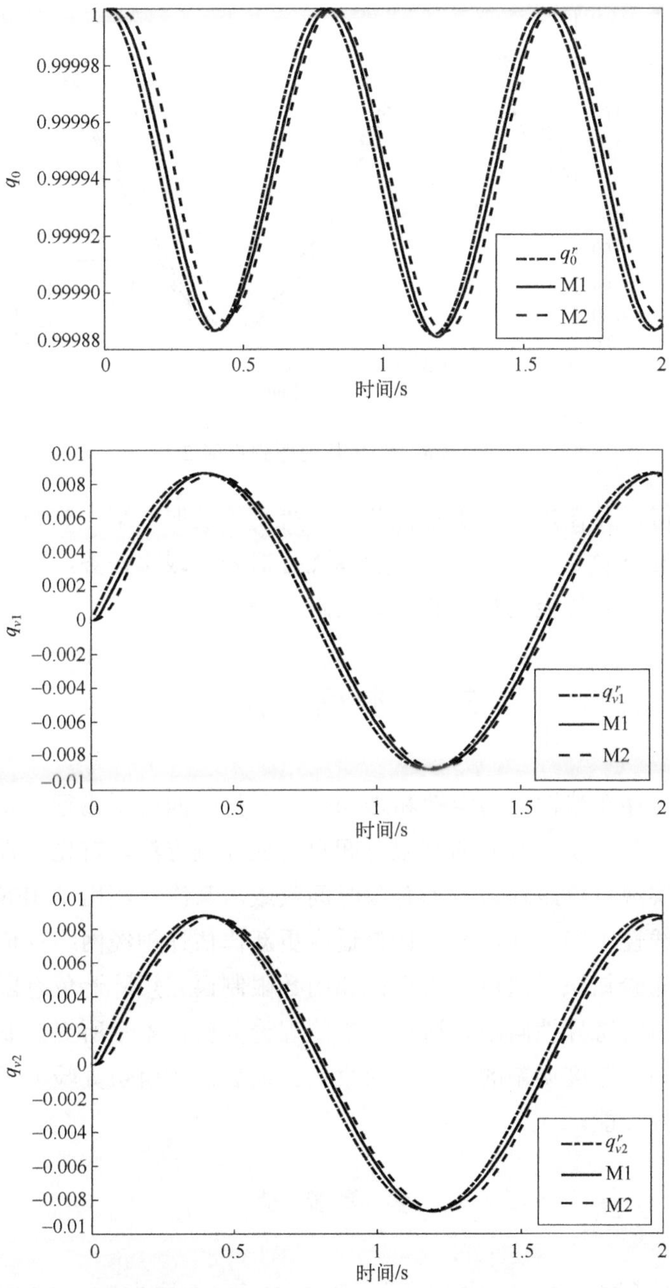
q_0
q_0^r
M1
M2
时间/s
q_{v1}
q_{v1}^r
M1
M2
时间/s
q_{v2}
q_{v2}^r
M1
M2
时间/s

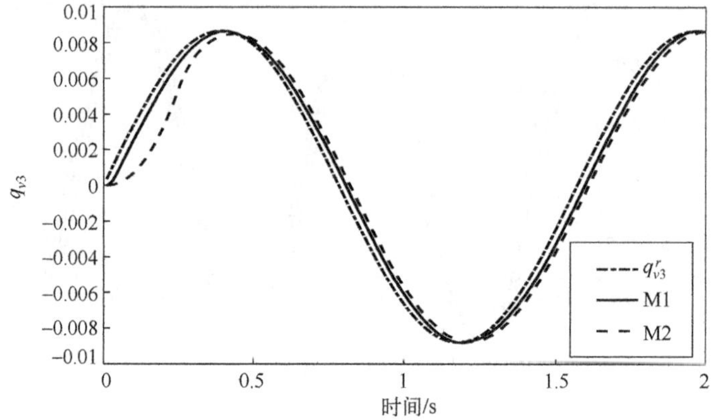

图 3-8　四元数的跟踪性能 2

综上可得，存在惯性不确定性和未知外部干扰时，M1 控制方案不仅能解决未知非线性不确定性下的不同四旋翼飞行器姿态跟踪任务，而且能实现更快的收敛速度、更高的控制精度和更好的瞬态响应性能。

3.6　本 章 小 结

本章针对存在惯性不确定性和未知外部干扰的四旋翼飞行器姿态跟踪控制系统，提出了基于 RBFNN 的有限时间自适应控制方法。首先，设计非奇异终端滑模面，实现系统跟踪误差的有限时间收敛。其次，利用 RBFNN 方法估计系统未知非线性不确定性，并设计自适应更新律估计神经网络权值矩阵，无需系统模型的先验知识。然后，构造饱和函数限制误差矩阵避免有限时间自适应控制器设计中的奇异性问题。通过严格的理论分析，本章所提控制策略能够保证姿态误差和角速度误差的有限时间收敛。最后，数值仿真验证了本章所提控制方法的良好性能。

参 考 文 献

[1] Alqaisi W, Ghommam J, Alazzam A. Three-loop uncertainties compensator and sliding mode quadrotor control[J]. Computers and Electrical Engineering, 2020, 81: 106-507.

[2] Wang H, Ye X, Tian Y. Model-free based terminal SMC of quadrotor attitude and position[J]. IEEE Transactions on Aerospace and Electronic Systems, 2017, 52(5): 2519-2528.

[3] Mahony R, Kumar V, Corke P. Multirotor aerial vehicles: Modeling, estimation, and control of quadrotor[J]. IEEE Robotics and Automation Magazine, 2012, 19(3): 20-32.

[4] Chen F Y, Jiang R Q, Zhang K K, et al. Robust backstepping sliding-mode control and observer-based fault estimation for a quadrotor UAV[J]. IEEE Transactions on Industrial Electronics, 2016, 63(8): 5044-5056.

[5] Jia Z Y, Yu J Q, Mei Y S, et al. Integral backstepping sliding mode control for quadrotor helicopter under external uncertain disturbances[J]. Aerospace Science and Technology, 2017, 68: 299-307.

[6] Shao K, Zheng J C, Huang K, et al. Finite-time control of a linear motor positioner using adaptive recursive terminal sliding mode[J]. IEEE Transactions on Industrial Electronics, 2020, 67: 6659-6668.

[7] Chen Q, Ye Y, Hu Z J, et al. Finite-time approximation-free attitude control of quadrotors: Theory and experiments[J]. IEEE Transactions on Aerospace and Electronic Systems, 2021, 57(3): 1780-1792.

[8] Mofid O, Mobayen S. Adaptive sliding mode control for finite-time stability of quadrotor UAVs with parametric uncertainties[J]. ISA Transactions, 2018, 72: 1-14.

[9] Eliker K, Zhang W D. Finite-time adaptive integral backstepping fast terminal sliding mode control application on quadrotor UAV[J]. International Journal of Control Automation and Systems, 2020, 18: 415-430.

[10] Rios H, Falcon R, Gonzalez O A, et al. Continuous sliding-mode control strategies for quadrotor robust tracking: Real-time application[J]. IEEE Transactions on Industrial Electronics, 2019, 66: 1264-1272.

[11] Sun C, He W, Hong J. Neural network control of a flexible robotic manipulator using the lumped spring-mass model[J]. IEEE Transactions on Systems, Man, and Cybernetics: Systems, 2017, 47(8): 1863-1874.

[12] He W, Dong Y T. Adaptive fuzzy neural network control for a constrained robot using impedance learning[J]. IEEE Transactions on Neural Networks and Learning Systems, 2018, 29(4): 1174-1186.

[13] Fei J, Ding H. Adaptive sliding mode control of dynamic system using RBF neural network[J]. Nonlinear Dynamics, 2012, 70(2): 1563-1573.

[14] Mulero-Martinez J I. Analysis of the errors in the modelling of manipulators with Gaussian RBF neural networks[J]. Neurocomputing, 2009, 72(7/9): 1969-1978.

[15] Ge S S, Hang C C, Woon L C. Adaptive neural network control of robot manipulators in task space[J]. IEEE Transactions on Industrial Electronics, 1997, 44(6): 746-752.

[16] Sun M X. Two-phase attractors for finite-duration consensus of multiagent systems[J]. IEEE Transactions on Systems, Man, and Cybernetics: Systems, 2020, 50(5): 1757-1765.

[17] Lu K, Xia Y. Adaptive attitude tracking control for rigid spacecraft with finite-time convergence[J]. Automatica, 2013, 49(12): 3591-3599.

第 4 章　增强型双幂次趋近律的固定时间姿态控制

4.1 引　　言

第 3 章中提出的有限时间控制方案利用 RBFNN 技术降低了对四旋翼飞行器精确模型的需求，保证了四旋翼飞行器系统的快速收敛和鲁棒性能，提高系统跟踪性能的准确性。然而第 3 章中提出的控制方法和第 3 章中的相关引用文献提出的控制方法都只实现了系统状态和跟踪误差的有限时间收敛[1]。有限时间控制的收敛时间严重依赖于系统初始状态的选择。文献[2]首次提出的固定时间控制策略，可以保证收敛时间的上界对系统初始状态的依赖性较小，同时进一步提高系统瞬态收敛速度。因此，固定时间控制受到了人们的广泛关注。文献[3]考虑存在未知不确定性时，给出基于四元数和类拉格朗日描述的刚性航天器动力学模型，构造鲁棒固定时间控制器，以实现系统跟踪误差的固定时间收敛。文献[4]考虑到航天执行器饱和与故障问题，提出一种固定时间滑模控制方案来实现航天器姿态稳定。文献[5]设计一种基于非奇异终端滑模面的自适应固定时间控制器，以保证存在外部扰动和惯性不确定性条件下，实现航天器绕飞任务中姿态和位置跟踪误差的固定时间收敛。

尽管上述控制方案已经实现了令人满意的系统稳定或跟踪性能，但上述工作通常将控制增益设为一个常数，也就是说如果将控制增益设得较大，收敛时间会缩短，但抖振问题可能会恶化。相反，如果将控制增益设得相对较小以减小抖振，则可能会导致较长的收敛时间，导致系统状态的瞬态响应速度变慢。文献[6]提出一种基于指数趋近律的机械臂姿态控制方案，以减少机械臂在瞬态状态下的趋近时间。文献[7]提出一个增强型指数趋近律来进一步改善系统状态的瞬态响应，然而，在系统处于稳态时，会存在严重的抖振问题。因此，如何同时保证系统瞬态的快速收敛和稳态的抖振抑制是一项具有挑战性的工作。

另一方面，大多数四旋翼飞行器控制方案都是在假定四旋翼飞行器系统无故障的情况下设计的。但是，如文献[8]和文献[9]所述，由于电机、螺旋桨等部件退化或损坏，驱动电机和螺旋桨系统容易发生故障。这种执行器故障的发生可能会对高度和姿态跟踪性能产生不良影响。因此，为了提高四旋翼飞行器的可靠性、安全性和生存能力，相应的四旋翼飞行器容错控制（fault tolerant control，FTC）研究吸引了大量的研究人员。

基于上述讨论结果，针对存在执行器故障、惯性不确定性和未知外部干扰的四旋翼飞行器姿态镇定问题，本章提出基于增强型双幂次趋近律的固定时间自适应姿态镇定控制方案。首先，本章设计分段固定时间终端滑模面，不仅避免滑动变量微分时的奇异性问题，同时能保证转换姿态变量的固定时间收敛。然后，利用反三角函数构造增强型双幂次趋近律来调节控制器增益，从而提高系统瞬态的收敛速度，同时减少抖振。利用预设性能函数进一步约束姿态四元数，使其不仅能满足预设性能边界的要求，同时避免控制器设计中的奇异性问题。通过李雅普诺夫稳定性证明所提控制策略能保证系统姿态和角速度在固定时间内收敛至平衡点附近的邻域内。最后，基于蒙特卡洛采样方法的仿真结果验证所提控制策略的有效性。

4.2 问 题 描 述

4.2.1 系统描述

本章使用基于四元数的四旋翼飞行器动力学模型式（2-10），即

$$\boldsymbol{J}\dot{\boldsymbol{\omega}} = -\boldsymbol{\omega}^{\times}\boldsymbol{J}\boldsymbol{\omega} + \boldsymbol{u} + \boldsymbol{d} \tag{4-1}$$

其中，$\boldsymbol{J} \in \mathbb{R}^{3\times3}$ 是四旋翼飞行器的惯性矩阵，$\boldsymbol{\omega} \in \mathbb{R}^{3\times1}$ 是机体坐标系下的姿态角速度，$\boldsymbol{u} \in \mathbb{R}^{4\times1}$ 和 $\boldsymbol{d} \in \mathbb{R}^{3\times1}$ 分别为由四旋翼飞行器四个转子产生的控制力矩和外部干扰。

考虑系统执行器、传感器或系统部件的故障，将式（4-1）改写成[8]

$$\boldsymbol{J}\dot{\boldsymbol{\omega}} = -\boldsymbol{\omega}^{\times}\left(\boldsymbol{J}\boldsymbol{\omega} + \boldsymbol{D}\boldsymbol{J}_{\omega}\boldsymbol{\Omega}\right) + \boldsymbol{D}\boldsymbol{u} + \boldsymbol{d}(t) \tag{4-2}$$

其中，$\boldsymbol{J}_{\omega}=\operatorname{diag}\left(\left[J_{\omega1}, J_{\omega2}, J_{\omega3}, J_{\omega4}\right]\right) \in \mathbb{R}^{4\times4}$ 为转子惯性矩阵，$\boldsymbol{\Omega} \in \mathbb{R}^{4\times1}$ 是转子转速，$\boldsymbol{D} \in \mathbb{R}^{3\times4}$ 为转子效率分布矩阵。

使用基于四元数的四旋翼飞行器运动学模型式（2-11），即

$$\dot{\boldsymbol{q}}_v = \frac{1}{2}\left(\boldsymbol{q}_v^\times + q_0\boldsymbol{I}_3\right)\boldsymbol{\omega} \tag{4-3}$$

$$\dot{q}_0 = -\frac{1}{2}\boldsymbol{q}_v^{\mathrm{T}}\boldsymbol{\omega} \tag{4-4}$$

其中，单位四元数 $\boldsymbol{q} = \left[q_0, q_{v1}, q_{v2}, q_{v3}\right]^{\mathrm{T}} = \left[q_0, \boldsymbol{q}_v^{\mathrm{T}}\right]^{\mathrm{T}} \in \mathbb{R}\times\mathbb{R}^3$ 描述姿态，满足约束 $q_0^2 + \boldsymbol{q}_v^{\mathrm{T}}\boldsymbol{q}_v = 1$，$q_0 \in \mathbb{R}$ 是标量部分，$\boldsymbol{q}_v \in \mathbb{R}^3$ 是向量分量。

由于 $\boldsymbol{J} = \boldsymbol{J}_0 + \Delta\boldsymbol{J}$，将式（4-2）改写为

$$\boldsymbol{J}_0\dot{\boldsymbol{\omega}} = -\boldsymbol{\omega}^\times\boldsymbol{J}_0\boldsymbol{\omega} - \boldsymbol{\omega}^\times\boldsymbol{D}\boldsymbol{J}_\omega\boldsymbol{\Omega} + \boldsymbol{D}\boldsymbol{u} + \boldsymbol{d}(t) - \Delta\boldsymbol{J}\dot{\boldsymbol{\omega}} - \boldsymbol{\omega}^\times\Delta\boldsymbol{J}\boldsymbol{\omega} \tag{4-5}$$

其中，$\boldsymbol{J}_0$ 和 $\Delta\boldsymbol{J}$ 分别表示 $\boldsymbol{J}$ 的标称惯性矩阵和不确定惯性矩阵。

考虑到不可避免的输入约束，在实际情况中，当执行器发生故障或失效，可将式（4-5）中的控制力矩 $\boldsymbol{u}$ 进一步表改写为

$$\boldsymbol{u} = \boldsymbol{E}(t)\boldsymbol{u}_c + \bar{\boldsymbol{u}} \tag{4-6}$$

其中，$\boldsymbol{E}(t) = \mathrm{diag}\left(\left[e_1(t), e_2(t), e_3(t), e_4(t)\right]\right) \in \mathbb{R}^{4\times4}$ 是执行器效率矩阵，$0 \leqslant e_i(t) \leqslant 1$ 表示第 i 个转子的有效性，$\bar{\boldsymbol{u}} = [\bar{u}_1, \bar{u}_2, \cdots, \bar{u}_n] \in \mathbb{R}^n$ 表示有界的附加执行器故障，满足 $\|\bar{\boldsymbol{u}}\| \leqslant u_0$，$u_0$ 是一个正常数，$\boldsymbol{u}_c = [u_{c1}, u_{c2}, u_{c3}, u_{c4}]^{\mathrm{T}} \in \mathbb{R}^{4\times1}$ 为 4 个执行器产生的控制力矩，$u_{\max}$ 表示允许的最大控制力矩满足以下不等式：

$$|u_{ci}| \leqslant u_{\max} \tag{4-7}$$

然后，将式（4-6）代入式（4-5）得到

$$\boldsymbol{J}_0\dot{\boldsymbol{\omega}} = -\boldsymbol{\omega}^\times\boldsymbol{J}_0\boldsymbol{\omega} - \boldsymbol{\omega}^\times\boldsymbol{D}\boldsymbol{J}_\omega\boldsymbol{\Omega} + \boldsymbol{D}\boldsymbol{E}(t)\boldsymbol{u}_c + \boldsymbol{D}\bar{\boldsymbol{u}} + \boldsymbol{d}(t) - \Delta\boldsymbol{J}\dot{\boldsymbol{\omega}} - \boldsymbol{\omega}^\times\Delta\boldsymbol{J}\boldsymbol{\omega} \tag{4-8}$$

其中，$\boldsymbol{D}\boldsymbol{E}(t)$ 与 4 个转子的有效性相关，表示执行器部分失效甚至完全失效。当执行器完全失效的数目不超过 1 时，则存在满足以下关系的正定矩阵 $\boldsymbol{D}\boldsymbol{E}\boldsymbol{D}^{\mathrm{T}}$，即

$$0 < e_0 \leqslant \min\left\{\lambda_{\min}\left(\boldsymbol{D}\boldsymbol{E}\boldsymbol{D}^{\mathrm{T}}\right), 1\right\} \tag{4-9}$$

类似于文献[10,11]中的分析，定义矩阵 $\boldsymbol{P}$ 为

$$\boldsymbol{P} = \left[\frac{1}{2}\left(\boldsymbol{q}_v^\times + q_0\boldsymbol{I}_3\right)\right]^{-1} \tag{4-10}$$

和

$$\det\left(\boldsymbol{P}^{-1}\right)=\frac{1}{2}q_0\neq 0,\quad \forall t\in\left[0,\infty\right) \tag{4-11}$$

为了保证矩阵 $\boldsymbol{P}$ 的存在，有必要将 $\boldsymbol{q}_v$ 的每个元素约束在一个规定的先验界限内。因此，设计一个规定性能函数（prescribed performance function，PPF），以确保系统状态变量严格地约束在预定义的区域内[12-14]。

给定预设性能函数 $\rho(t)$[15-20]为

$$\rho(t)=\left(\rho_0-\rho_\infty\right)\mathrm{e}^{-\varpi t}+\rho_\infty \tag{4-12}$$

其中，e 为自然对数的底数，ρ_0 和 ρ_∞ 分别为边界函数 $\rho(t)$ 的初值和终值且满足 $\rho_0>\rho_\infty$，$\varpi>0$ 表示收敛速度。

为了使预设性能函数式（4-12）能够约束 $\boldsymbol{q}_v$ 中的每个元素，本章将通过等价条件将其转换为“无约束”的转换输出姿态变量，设计如下无约束转换姿态变量 $z_j\in\mathbb{R}$ 的光滑严格递增函数 $S\left(z_j\right)$ 满足

$$q_{vj}=S\left(z_j\right)\rho(t) \tag{4-13}$$

其中，z_j 表示 $\boldsymbol{z}=[z_1,z_2,z_3]^{\mathrm{T}}$ 中的元素，$j=1,2,3$。函数 $S\left(z_j\right)$ 满足以下属性：

① $-\psi_{\min}<S\left(z_j\right)<\psi_{\max}$；

② $\lim\limits_{z_j\to-\infty}S\left(z_j\right)=\psi_{\min}$；$\lim\limits_{z_j\to-\infty}S\left(z_j\right)=\psi_{\min}$。

通过以上分析，得到姿态四元数 q_v 的预设界值如下：

$$-\psi_{\min}\rho(t)<q_{vj}<\psi_{\max}\rho(t) \tag{4-14}$$

其中，q_{vj} 是 $\boldsymbol{q}_v$ 的 j 第一个元素。

由式（4-10）和 $q_0^2+\boldsymbol{q}_v^{\mathrm{T}}\boldsymbol{q}_v=1$ 可得

$$\det\left(\boldsymbol{P}^{-1}\right)=\frac{1}{2}q_0\neq 0,\ \forall t\in\left[0,\infty\right) \tag{4-15}$$

且

$$q_{v1}^2+q_{v2}^2+q_{v3}^2<1 \tag{4-16}$$

由式（4-15）和式（4-16）可得，可以选择一个合适的预设性能函数 $\rho(t)$，

给定正常数 $\psi_{\min}$ 和 $\psi_{\max}$，将姿态变量 q_{vj} 限制在 $\left(-\frac{1}{3},\frac{1}{3}\right)$ 的范围内，从而保证矩阵 $\frac{1}{2}\left(\boldsymbol{q}_v^{\times}+q_0\boldsymbol{I}_3\right)$ 的可逆性。

由式（4-3）和式（4-10），得到

$$\boldsymbol{\omega}=\boldsymbol{P}\dot{\boldsymbol{q}}_v,\ \dot{\boldsymbol{\omega}}=\dot{\boldsymbol{P}}\dot{\boldsymbol{q}}_v+\boldsymbol{P}\ddot{\boldsymbol{q}}_v \tag{4-17}$$

将式（4-17）代入式（4-8），并在等式（4-8）两边预乘以矩阵 $\boldsymbol{P}^{\mathrm{T}}$，得到

$$\boldsymbol{J}^{*}\ddot{\boldsymbol{q}}_v=-\Xi\dot{\boldsymbol{q}}_v+\boldsymbol{P}^{\mathrm{T}}\left(\boldsymbol{D}\boldsymbol{J}_{\omega}\boldsymbol{\Omega}\right)^{\times}\boldsymbol{P}\dot{\boldsymbol{q}}_v+\boldsymbol{P}^{\mathrm{T}}\boldsymbol{D}\boldsymbol{E}(t)\boldsymbol{u}_c+\boldsymbol{P}^{\mathrm{T}}\boldsymbol{D}\bar{\boldsymbol{u}}+\boldsymbol{T}_d \tag{4-18}$$

其中，$\varXi=\boldsymbol{P}^{\mathrm{T}}\boldsymbol{J}_0\dot{\boldsymbol{P}}-\boldsymbol{P}^{\mathrm{T}}\left(\boldsymbol{J}_0\boldsymbol{P}\dot{\boldsymbol{q}}_v\right)^{\times}\boldsymbol{P}$，$\boldsymbol{T}_d=\boldsymbol{P}^{\mathrm{T}}\boldsymbol{d}(t)-\boldsymbol{P}^{\mathrm{T}}\Delta\boldsymbol{J}\dot{\boldsymbol{\omega}}-\boldsymbol{P}^{\mathrm{T}}\boldsymbol{\omega}^{\times}\Delta\boldsymbol{J}\boldsymbol{\omega}$ 表示以 $\|\boldsymbol{T}_d\|\leqslant\upsilon_0\varPhi$ 为界的集中扰动和不确定性，$\varPhi=1+\|\boldsymbol{\omega}\|+\|\boldsymbol{\omega}\|^2$，$\upsilon_0$ 是正常数，$\boldsymbol{J}^{*}=\boldsymbol{P}^{\mathrm{T}}\boldsymbol{J}_0\boldsymbol{P}$ 是惯性矩阵满足以下关系式：

$$J_{\min}\|\boldsymbol{x}\|^2\leqslant\boldsymbol{x}^{\mathrm{T}}\boldsymbol{J}^{*}\boldsymbol{x}\leqslant J_{\max}\|\boldsymbol{x}\|^2,\quad\forall\boldsymbol{x}\in\mathbb{R}^3 \tag{4-19}$$

其中，$J_{\min}$ 和 $J_{\max}$ 分别表示 $\boldsymbol{J}^{*}$ 的下界和上界，且矩阵 $\dot{\boldsymbol{J}}^{*}-2\varXi$ 为

$$\boldsymbol{x}^{\mathrm{T}}\left(\dot{\boldsymbol{J}}^{*}-2\varXi\right)\boldsymbol{x}=0,\quad\forall\boldsymbol{x}\in\mathbb{R}^3 \tag{4-20}$$

本章的控制目标是根据式（4-3）、式（4-4）和式（4-18）的四旋翼飞行器姿态数学模型，在存在执行器故障或失效时，设计控制律 u_c 使得系统姿态四元数 $\boldsymbol{q}_v$ 可实现局部固定时间一致最终有界。

4.2.2　执行器多故障模型

在本节中，考虑四旋翼飞行器执行器故障或失效时与控制力矩之间的关系。如表 4-1 所示，式（4-6）中控制力矩 $\boldsymbol{u}$ 与执行器故障或失效之间的关系归纳为以下四种类型，即 $F_1\sim F_4$。

表 4-1　模型参数与执行器故障或失效的关系

故障或失效	类型	e_i	$\bar{u}_i$
降低反应转矩 F_1	部分失效故障	$0<e_i<1$	0
增加偏置扭矩 F_2	偏差故障	1	$\bar{u}_i\neq 0$
控制信号没有反应 F_3	停机故障	0	0
执行器力矩的连续产生 F_4	突发故障	0	$\bar{u}_i\neq 0$

考虑到表 4-1 中的动力学模型式（4-18）和四类执行器故障或失效情况，将式（4-6）重新表示为[20]

$$u_i=\begin{cases}e_i(t)u_{ci} & 0<e_i<1,\bar{u}_i=0\\ u_{ci}+\bar{u}_i & e_i=1,\ \bar{u}_i\neq 0\\ 0 & e_i=0,\bar{u}_i=0\\ \bar{u}_i & e_i=0,\bar{u}_i\neq 0\end{cases}\tag{4-21}$$

4.2.3 相关引理

引理 4.1[4] 假设 $a_1,a_2,\cdots,a_n$ 为正数且 $0<p<2$，则下列关系成立：

$$\left(a_1^2+a_2^2+\cdots+a_n^2\right)^p\leqslant\left(a_1^p+a_2^p+\cdots+a_n^p\right)^2\tag{4-22}$$

引理 4.2[13] 设 $x\in D\subset\mathbb{R}^n$，$\dot{x}=f(x)$，$f:\mathbb{R}^n\to\mathbb{R}^n$ 是连续函数。如果 $\alpha,\beta,p,q,r\in\mathbb{R}^+$，$pr<1$，$qr>1$，$0<\Delta<\infty$。

如果存在以下不等式：

$$\dot{V}(x)\leqslant-\left(\alpha V(x)^p-\beta V(x)^q\right)^r+\Delta\tag{4-23}$$

那么，该系统轨迹是实际固定时间稳定的，到达残差集所需的时间满足

$$T\leqslant\left(1\ /\alpha^r r_2^r(1-pr)\right)+\left(1\ /\beta^r r_2^r(gr-1)\right)\tag{4-24}$$

其中，$\gamma\in(0,1)$。

4.3 增强型双幂次趋近律的固定时间自适应控制

本节提出了一个固定时间终端滑模面和一个新型的增强型双幂次趋近律，以保证控制器能实现系统状态的快速收敛，同时减少抖振。

4.3.1 固定时间终端滑模面设计

为了实现系统的固定时间稳定性，引入变换后的姿态变量 z_j 来设计满足条件的固定时间终端滑动变量：

$$z_j = \boldsymbol{S}^{-1}\left[\frac{q_{vj}}{\rho(t)}\right] = \frac{1}{2}\ln\frac{\hbar(t)+\psi_{\min}}{\psi_{\max}-\hbar(t)} \tag{4-25}$$

其中，$\hbar(t) = q_{vj}/\rho(t)$。

z_j 的时间导数为

$$\dot{z}_j = R\left(\dot{q}_{vj} - \frac{q_{vj}\dot{\rho}}{\rho}\right) \tag{4-26}$$

其中，$R = \dfrac{1}{2\rho}\left(\dfrac{1}{\hbar+\psi_{\min}} - \dfrac{1}{\hbar-\psi_{\max}}\right)$满足$0 < R \leqslant \dfrac{\psi_{\min}+\psi_{\max}}{\rho_\infty \psi_{\max}\psi_{\min}}$。

式（4-26）的时间导数为

$$\ddot{z}_j = \dot{R}\left(\dot{q}_{vj} - \frac{q_{vj}\dot{\rho}}{\rho}\right) + R\left(\ddot{q}_{vj} - \frac{\dot{q}_{vj}\dot{\rho}}{\rho} - \frac{q_{vj}\ddot{\rho}\rho}{\rho^2} + \frac{q_{vj}\dot{\rho}^2}{\rho^2}\right) \tag{4-27}$$

其中，$\ddot{z}_j$ 是 $\ddot{\boldsymbol{z}}$ 的第 $j=1,2,3$ 个元素。

固定时间终端滑动变量 $\boldsymbol{s} = [s_1, s_2, s_3]^{\mathrm{T}} \in \mathbb{R}^3$ 设计为

$$\boldsymbol{s} = \dot{\boldsymbol{z}} + \lambda_1 \boldsymbol{\beta}(z) \tag{4-28}$$

其中，$\lambda_1 > 0$，$\boldsymbol{\beta}(z_j) = [\beta(z_1),\ \beta(z_2),\ \beta(z_3)]^{\mathrm{T}}$ 的形式是

$$\boldsymbol{\beta}(z_j) = \begin{cases} \mathbf{sig}^{\frac{1}{a_2}}\left[\alpha(z_j)\right], & \bar{s}_j = 0 \text{ 或 } \bar{s}_j \neq 0, \left|\alpha(z_j)\right| \geqslant \epsilon \\ \iota_1\alpha(z_j) + \iota_2\left|\alpha(z_j)\right|^2 \operatorname{sgn}\left[\alpha(z_j)\right], & \bar{s}_j \neq 0, \left|\alpha(z_j)\right| < \epsilon \end{cases} \tag{4-29}$$

其中，ϵ 是一个小的正常数，s_j 是 s 的第 j 个元素，且 $j=1,2,3$，$\lambda_2 > 0$，$a_1 > a_2 > 1$，$\iota_1 = \left(2 - \dfrac{1}{a_2}\right)\epsilon^{\frac{1}{a_2}-1}$，$\iota_2 = \left(\dfrac{1}{a_2} - 1\right)\epsilon^{\frac{1}{a_2}-2}$，$\bar{s}_j = \dot{z}_j + \lambda_1\boldsymbol{\beta}(z_j)$ 和 $\alpha(z_j) = z_j + \lambda_2\mathbf{sig}^{a_1}(z_j)$，函数 $\mathbf{sig}^r(x)$ 定义为 $\mathbf{sig}^r(x) = \left[|x_1|^r \operatorname{sgn}(x_1), |x_2|^r \operatorname{sgn}(x_2), |x_3|^r \operatorname{sgn}(x_3)\right]^{\mathrm{T}}$。

式（4-28）的导数是

$$\dot{\boldsymbol{s}} = \ddot{\boldsymbol{z}} + \lambda_1 \boldsymbol{q}_{ve} \tag{4-30}$$

其中，$\boldsymbol{q}_{ve} \in \mathbb{R}^3$ 表示为

$$q_{ve,j}=\begin{cases}\dfrac{1}{a_2}\mathbf{sig}^{\frac{1}{a_2}-1}\left[\alpha\left(z_j\right)\right]\dot{\alpha}\left(z_j\right), & \bar{s}_j=0\text{ 或 }\bar{s}_j\neq0,\left|\alpha\left(z_j\right)\right|\geqslant\epsilon\\ \iota_1\dot{\alpha}\left(z_j\right)+2\iota_2\left|\alpha\left(z_j\right)\right|\dot{\alpha}\left(z_j\right), & \bar{s}_j\neq0,\left|\alpha\left(z_j\right)\right|<\epsilon\end{cases}\tag{4-31}$$

其中，$q_{ve,j}$ 是 $\boldsymbol{q}_{ve}$ 的 j 个元素。

然后，将式（4-28）和式（4-30）代入式（4-18）中，可得

$$\boldsymbol{J}^*\dot{\boldsymbol{s}}=-\boldsymbol{\varXi}\boldsymbol{s}+\boldsymbol{P}^{\mathrm{T}}\boldsymbol{D}\boldsymbol{E}\left(t\right)\boldsymbol{u}_cR+\boldsymbol{P}^{\mathrm{T}}\boldsymbol{D}\bar{\boldsymbol{u}}R+\boldsymbol{T}_dR+\boldsymbol{F}\tag{4-32}$$

和

$$\boldsymbol{F}=\boldsymbol{\varXi}\lambda_1\boldsymbol{\beta}\left(z\right)-\boldsymbol{\varXi}R\frac{q_v\dot{\rho}}{\rho}+\boldsymbol{P}^{\mathrm{T}}R\left(\boldsymbol{D}\boldsymbol{J}_{\omega}\boldsymbol{\varOmega}\right)^{\times}\boldsymbol{P}\dot{\boldsymbol{q}}_v+\boldsymbol{J}^*\left(\lambda_1q_{ve}-GR-\dot{R}\frac{q_v\dot{\rho}}{\rho}+\dot{R}\dot{q}_v\right)\tag{4-33}$$

其中，$G=\dfrac{\dot{q}_v\dot{\rho}}{\rho}+\dfrac{q_v\ddot{\rho}\rho}{\rho^2}-\dfrac{q_v\dot{\rho}^2}{\rho^2}$。

4.3.2 增强型双幂次趋近律设计

构造增强型双幂次趋近律的形式如下：

$$\dot{\boldsymbol{s}}=-\frac{1}{N\left(\boldsymbol{s}\right)}\left[k_1\cdot\mathbf{sig}^{r_1}(\boldsymbol{s})+k_2\cdot\mathbf{sig}^{r_2}(\boldsymbol{s})\right]\tag{4-34}$$

$$N\left(\boldsymbol{s}\right)=(\varTheta-\arctan\vartheta\|\boldsymbol{s}\|^{p})\cdot\chi\tag{4-35}$$

其中，$\chi>\dfrac{2}{\pi}$，$\varTheta=\dfrac{\pi}{2}$，$k_1>0$，$k_2>0$，$r_1>1$，$0<r_2<1$，$0<p\leqslant1$ 和 $\vartheta>0$。

选取李雅普诺夫函数 $V=\dfrac{1}{2}\boldsymbol{s}^2$，考虑式（4-34）的结果，并对 V 函数进行求导，得到

$$\begin{aligned}\dot{V}=\boldsymbol{s}\dot{\boldsymbol{s}}&=\boldsymbol{s}\left[-\frac{k_1}{N\left(\boldsymbol{s}\right)}\cdot\mathbf{sig}^{r_1}(\boldsymbol{s})-\frac{k_2}{N\left(\boldsymbol{s}\right)}\cdot\mathbf{sig}^{r_2}(\boldsymbol{s})\right]\\&=-\frac{k_1}{N\left(\boldsymbol{s}\right)}\left|\boldsymbol{s}\right|^{r_1+1}-\frac{k_2}{N\left(\boldsymbol{s}\right)}\left|\boldsymbol{s}\right|^{r_2+1}\\&=-\frac{k_1}{N\left(\boldsymbol{s}\right)}V^{1+(r_1-1)/2}-\frac{k_2}{N\left(\boldsymbol{s}\right)}V^{1-(1-r_2)/2}\end{aligned}\tag{4-36}$$

$\boldsymbol{s}$ 收敛时间上界为

$$T_{rl} \leqslant N(\boldsymbol{s})\left[\frac{1}{k_1(r_1-1)}+\frac{1}{k_2(1-r_2)}\right] \leqslant \Theta\chi\left[\frac{1}{k_1(r_1-1)}+\frac{1}{k_2(1-r_2)}\right] \tag{4-37}$$

由式（4-35）可以看出，$N(\boldsymbol{s})$ 在任何时候都是严格的正常数，这意味着它不会影响四旋翼飞行器系统状态的稳定。在所提出的趋近律中，当 $\boldsymbol{s}$ 的初始值远离平衡点时，$\arctan\vartheta\|\boldsymbol{s}\|^p$ 趋向于 $\pi/2$。选择一个足够大的 ϑ，使 $N(\boldsymbol{s})$ 满足 $0<N(\boldsymbol{s})<1$。控制增益 $k_1|s_j|^{r_1}/N(\boldsymbol{s})$ 将比 $k_1|s_j|^{r_1}$ 大，那么当 $\boldsymbol{s}$ 远离平衡点时，可以提高系统瞬态的收敛速度。相反，当 $\boldsymbol{s}$ 接近平衡点时，$\arctan\vartheta\|\boldsymbol{s}\|^p$ 趋于 0，$N(\boldsymbol{s})$ 变为 $N(\boldsymbol{s})=\pi\chi/2>1$。控制增益 $2k_2|s_j|^{r_2}/\pi\chi$ 将比 $k_1|s_j|^{r_1}$ 小，因此有助于减少稳态下的抖振问题。

注 4.1　由式（4-34）和式（4-35）可以看出，增大 ϑ 的值或减小 χ 的值将使系统状态的收敛速度更好，但减少抖振的效果会变差。因此，参数 ϑ 和 χ 的选择需要在收敛速度和减少抖振之间进行权衡。

4.3.3　控制器和自适应更新律设计

在本节中，我们提出了一种固定时间自适应控制器来实现变换后的姿态变量 $\boldsymbol{z}$ 在存在惯性不确定性、外部干扰、执行器故障或失效时的固定时间收敛。

对四旋翼飞行器姿态系统式（4-32）的控制律 $\boldsymbol{u}_c$ 进行了如下设计：

$$\begin{aligned}\boldsymbol{u}_c = -\boldsymbol{D}^{\mathrm{T}}\boldsymbol{P}\Bigg[&\frac{\boldsymbol{u}_{\mathrm{nom}}}{\|R\|}+\frac{k_1}{N(\boldsymbol{s})\|R\|\|\boldsymbol{P}\|^2}\mathbf{sig}^{r_1}(\boldsymbol{s})+\frac{k_2}{N(\boldsymbol{s})\|R\|\|\boldsymbol{P}\|^2}\mathbf{sig}^{r_2}(\boldsymbol{s})\\ &+\left(\hat{\gamma}_1\|\boldsymbol{D}\|+\hat{\gamma}_2\|\boldsymbol{P}\|\|\boldsymbol{u}_{\mathrm{nom}}\|\right)\frac{\boldsymbol{s}}{\|\boldsymbol{P}\boldsymbol{s}\|}\Bigg]\end{aligned} \tag{4-38}$$

其中，$\boldsymbol{u}_{\mathrm{nom}}=\dfrac{\left(\|\boldsymbol{F}\|+\hat{\gamma}_0\varPhi\|R\|\right)\cdot\|\boldsymbol{s}\|\boldsymbol{s}}{\|\boldsymbol{P}\boldsymbol{s}\|^2}$，$\varepsilon>0$，$\gamma_0=\upsilon_0$，$\gamma_1=\dfrac{u_0+\varepsilon}{e_0}$，$\gamma_2=\dfrac{1-e_0+\varepsilon}{e_0}$，$\hat{\gamma}_i$ 是 $\gamma_i(i=0,1,2)$ 的估计值。

自适应更新律设计为

$$\dot{\hat{\gamma}}_0=c_0\left(\varPhi\|\boldsymbol{s}\|\|R\|-\varepsilon_0\hat{\gamma}_0\right) \tag{4-39}$$

$$\dot{\hat{\gamma}}_1 = c_1\left(\|\boldsymbol{D}\|\|\boldsymbol{Ps}\|\|R\| - \varepsilon_1\hat{\gamma}_1\right) \tag{4-40}$$

$$\dot{\hat{\gamma}}_2 = c_2\left(\|\boldsymbol{P}\|\|\boldsymbol{u}_{\text{nom}}\|\|\boldsymbol{Ps}\| - \varepsilon_2\hat{\gamma}_2\right) \tag{4-41}$$

其中，$i=0,1,2$，$c_i>0$，$\varepsilon_i>0$ 为给定参数，$\hat{\gamma}_i$ 的初始值满足 $\hat{\gamma}_0(0), \hat{\gamma}_1(0), \hat{\gamma}_2(0)>0$。

注 4.2 为了避免式（4-38）中不连续项 $\frac{\boldsymbol{s}}{\|\boldsymbol{Ps}\|}$ 和 $\frac{\boldsymbol{s}}{\|\boldsymbol{Ps}\|^2}$ 引起的抖振问题，我们将在仿真验证部分使用连续函数 $\frac{\boldsymbol{s}}{\|\boldsymbol{Ps}\|+\xi}$ 和 $\frac{\boldsymbol{s}}{\|\boldsymbol{Ps}\|^2+\xi}$ 代替，其中，ξ 为一个小的正常数。

4.4 稳定性分析

本节给出了相关引理和定理，将证明闭环系统所有信号有界，以及滑动变量 $\boldsymbol{s}$ 和转换后的四旋翼飞行器姿态变量 $\boldsymbol{z}$ 将分别在到达阶段和滑动阶段实现固定时间收敛。

引理 4.3 如果固定时间终端滑动变量 $\boldsymbol{s}$ 达到 $\boldsymbol{s}=0$，则表示系统状态 $\boldsymbol{z}$ 和 $\dot{\boldsymbol{z}}$ 可以在固定时间内分别收敛到 $\boldsymbol{z}=0$ 和 $\dot{\boldsymbol{z}}=0$，并且，固定时间 T_r 的上界表示为

$$T_r \leqslant \frac{1}{\lambda_1\lambda_2 2^{\frac{a_1+a_2}{2a_2}}}\cdot\frac{2a_2}{a_1-a_2} + \frac{1}{\lambda_1 2^{\frac{1+a_2}{2a_2}}}\cdot\frac{2a_2}{a_2-1} \tag{4-42}$$

证明 当滑动变量 $\boldsymbol{s}$ 达到 $\boldsymbol{s}=0$ 时，式（4-28）表示为

$$\dot{\boldsymbol{z}} = -\lambda_1\mathbf{sig}^{\frac{1}{a_2}}(\boldsymbol{z}) - \lambda_1\lambda_2\mathbf{sig}^{\frac{a_1}{a_2}}(\boldsymbol{z}) \tag{4-43}$$

李雅普诺夫函数的设计如下：

$$V_1 = \frac{1}{2}\boldsymbol{z}^{\mathrm{T}}\boldsymbol{z} \tag{4-44}$$

对 V_1 进行求导，代入式（4-43）的结果为

$$\begin{aligned}\dot{V}_1 &= \boldsymbol{z}^{\mathrm{T}}\dot{\boldsymbol{z}} = \boldsymbol{z}^{\mathrm{T}}\left[-\lambda_1\mathbf{sig}^{\frac{1}{a_2}}(\boldsymbol{z}) - \lambda_1\lambda_2\mathbf{sig}^{\frac{a_1}{a_2}}(\boldsymbol{z})\right] \\ &= -\lambda_1\lambda_2|\boldsymbol{z}|^{\frac{a_1+a_2}{a_2}} - \lambda_1|\boldsymbol{z}|^{\frac{1+a_2}{a_2}}\end{aligned}$$

$$=-\lambda_1\lambda_2\cdot 2^{\frac{a_1+a_2}{2a_2}}V_1^{\frac{a_1+a_2}{2a_2}}-\lambda_1\cdot 2^{\frac{1+a_2}{2a_2}}V_1^{\frac{1+a_2}{2a_2}} \tag{4-45}$$

由式（4-43）和式（4-45）得到 $\boldsymbol{z}$ 和 $\dot{\boldsymbol{z}}$ 是固定时间收敛的，且收敛时间满足

$$T_r\leqslant\frac{1}{\lambda_1\lambda_2 2^{\frac{a_1+a_2}{2a_2}}}\cdot\frac{2a_2}{a_1-a_2}+\frac{1}{\lambda_1 2^{\frac{1+a_2}{2a_2}}}\cdot\frac{2a_2}{a_2-1} \tag{4-46}$$

定理 4.1　对于四旋翼飞行器姿态控制系统式（4-32）、固定时间终端滑模面式（4-28）、控制律式（4-38）和自适应更新律式（4-39）～式（4-41），可以得出：

①闭环系统的所有信号都是一致最终有界的；

②滑动变量 $\boldsymbol{s}$ 和变换后的姿态变量 $\boldsymbol{z}$ 能够在固定时间内收敛到平衡点附近的邻域内。

证明　构造李雅普诺夫函数 V_2：

$$V_2=\frac{1}{2}\boldsymbol{s}^{\mathrm{T}}\boldsymbol{J}^*\boldsymbol{s}+\frac{1}{2c_0}\tilde{\gamma}_0^2+\frac{e_0}{2c_1}\tilde{\gamma}_1^2+\frac{e_0}{2c_2}\tilde{\gamma}_2^2 \tag{4-47}$$

由式（4-20）和式（4-38）可知，V_2 的时间导数为

$$\begin{aligned}\dot{V}_2&=\frac{1}{2}\boldsymbol{s}^{\mathrm{T}}\dot{\boldsymbol{J}}^*\boldsymbol{s}+\boldsymbol{s}^{\mathrm{T}}\boldsymbol{J}^*\dot{\boldsymbol{s}}-\frac{1}{c_0}\tilde{\gamma}_0\dot{\hat{\gamma}}_0-\frac{e_0}{c_1}\tilde{\gamma}_1\dot{\hat{\gamma}}_1-\frac{e_0}{c_2}\tilde{\gamma}_2\dot{\hat{\gamma}}_2\\&\leqslant-\frac{k_1e_0}{N(\boldsymbol{s})}\sum_{j=1}^{3}\left|s_j\right|^{r_1+1}-\frac{k_2e_0}{N(\boldsymbol{s})}\sum_{j=1}^{3}\left|s_j\right|^{r_2+1}+\left(1-e_0-e_0\gamma_2\right)\|\boldsymbol{P}\|\|\boldsymbol{u}_{\mathrm{nom}}\|\|\boldsymbol{Ps}\|\|R\|\\&\quad+\left(f_0-e_0\gamma_1\right)\|\boldsymbol{D}\|\|\boldsymbol{Ps}\|\|R\|+\left(\|\boldsymbol{T}_d\|-\gamma_0\varPhi\right)\|\boldsymbol{s}\|\|R\|\\&\quad+\varepsilon_0\tilde{\gamma}_0\hat{\gamma}_0+e_0\varepsilon_1\tilde{\gamma}_1\hat{\gamma}_1+e_0\varepsilon_2\tilde{\gamma}_2\hat{\gamma}_2\\&\leqslant-6^{\frac{1-r_1}{2}}\frac{k_1e_0}{N(\boldsymbol{s})}\left(\sum_{j=1}^{3}\left|s_j\right|^2\right)^{\frac{r_1+1}{2}}-\frac{k_2e_0}{N(\boldsymbol{s})}\left(\sum_{j=1}^{3}\left|s_j\right|^2\right)^{\frac{r_2+1}{2}}+\varepsilon_0\tilde{\gamma}_0\hat{\gamma}_0\\&\quad+e_0\varepsilon_1\tilde{\gamma}_1\hat{\gamma}_1+e_0\varepsilon_2\tilde{\gamma}_2\hat{\gamma}_2\end{aligned} \tag{4-48}$$

对于任意的正标量 $\delta_0>\frac{1}{2}$、$\delta_1>\frac{1}{2}$ 和 $\delta_2>\frac{1}{2}$，存在以下不等式：

$$\varepsilon_0\tilde{\gamma}_0\hat{\gamma}_0\leqslant\frac{-\varepsilon_0\left(2\delta_0-1\right)}{2\delta_0}\tilde{\gamma}_0^2+\frac{\varepsilon_0\delta_0}{2}\gamma_0^2 \tag{4-49}$$

$$\varepsilon_1\tilde{\gamma}_1\hat{\gamma}_1\leqslant\frac{-\varepsilon_1\left(2\delta_1-1\right)}{2\delta_1}\tilde{\gamma}_1^2+\frac{\varepsilon_1\delta_1}{2}\gamma_1^2 \tag{4-50}$$

$$\varepsilon_2\tilde{\gamma}_2\hat{\gamma}_2 \leqslant \frac{-\varepsilon_2(2\delta_2-1)}{2\delta_2}\tilde{\gamma}_2^2+\frac{\varepsilon_2\delta_2}{2}\gamma_2^2 \tag{4-51}$$

由式（4-19）、引理 3.1 和引理 4.1 可得，当存在 $\vartheta_0\in(0,1)$ 时，V_2 的时间导数为

$$\begin{aligned}\dot{V}_2 \leqslant & -6^{\frac{1-r_1}{2}}\rho_1 V_2^{\frac{r_1+1}{2}}-\rho_2 V_2^{\frac{r_2+1}{2}}+\phi_1+\left[\frac{\varepsilon_0(2\delta_0-1)}{2\delta_0}\vartheta_0\tilde{\gamma}_0^2\right]^{\frac{r_1+1}{2}}+\left[\frac{\varepsilon_1(2\delta_1-1)}{2\delta_1}\vartheta_0\tilde{\gamma}_1^2\right]^{\frac{r_1+1}{2}}\\ &+\left[\frac{\varepsilon_2(2\delta_2-1)}{2\delta_2}\vartheta_0\tilde{\gamma}_2^2\right]^{\frac{r_1+1}{2}}-\frac{\varepsilon_0(2\delta_0-1)}{2\delta_0}\vartheta_0\tilde{\gamma}_0^2-\frac{\varepsilon_1(2\delta_1-1)}{2\delta_1}\vartheta_0\tilde{\gamma}_1^2\\ &-\frac{\varepsilon_2(2\delta_2-1)}{2\delta_2}\vartheta_0\tilde{\gamma}_2^2\end{aligned} \tag{4-52}$$

其中，$\rho_1=\min\left\{\dfrac{2k_1e_0}{N(\boldsymbol{s})(J_{\max})^{\frac{r_1+1}{2}}},1\right\}$，$\rho_2=\min\left\{\dfrac{2k_2e_0}{N(\boldsymbol{s})(J_{\max})^{\frac{r_2+1}{2}}},1\right\}$，$\phi_1=\dfrac{\varepsilon_0\delta_0}{2}\gamma_0^2+\dfrac{e_0\varepsilon_1\delta_1}{2}\gamma_1^2+\dfrac{e_0\varepsilon_2\delta_2}{2}\gamma_2^2+3\vartheta_0^{\frac{r_2+1}{2}}\vartheta_1$，$1-\vartheta_0^{\frac{r_2+1}{2}}=\vartheta_0$，$r_0=\dfrac{r_2+1}{2}$ 和 $\vartheta_1=r_0^{\frac{r_0}{1-r_0}}-r_0^{\frac{1}{1-r_0}}>0$。

当 $\Delta<\min\left\{1\Big/\sqrt{\dfrac{\varepsilon_i(2\delta_i-1)}{2\delta_i}\vartheta_0}\right\}$，$i=0,1,2$ 时，

$$\left[\frac{\varepsilon_i(2\delta_i-1)}{2\delta_i}\vartheta_0\tilde{\gamma}_i^2\right]^{\frac{r_1+1}{2}} \leqslant \frac{\varepsilon_i(2\delta_i-1)}{2\delta_i}\vartheta_0\tilde{\gamma}_i^2,\quad i=0,1,2 \tag{4-53}$$

然后，式（4-52）可以改写为

$$\dot{V}_2 \leqslant -6^{\frac{1-r_1}{2}}\rho_1 V_2^{\frac{r_1+1}{2}}-\rho_2 V_2^{\frac{r_2+1}{2}}+\phi_1 \tag{4-54}$$

当 $\Delta\geqslant\min\left\{1\Big/\sqrt{\dfrac{\varepsilon_i(2\delta_i-1)}{2\delta_i}\vartheta_0}\right\}$，$i=0,1,2$ 时，可以看出

$$\begin{aligned}&\left[\frac{\varepsilon_0(2\delta_0-1)}{2\delta_0}\vartheta_0\tilde{\gamma}_0^2\right]^{\frac{r_1+1}{2}}+\left[\frac{\varepsilon_1(2\delta_1-1)}{2\delta_1}\vartheta_0\tilde{\gamma}_1^2\right]^{\frac{r_1+1}{2}}+\left[\frac{\varepsilon_2(2\delta_2-1)}{2\delta_2}\vartheta_0\tilde{\gamma}_2^2\right]^{\frac{r_1+1}{2}}\\ &-\frac{\varepsilon_0(2\delta_0-1)}{2\delta_0}\vartheta_0\tilde{\gamma}_0^2-\frac{\varepsilon_1(2\delta_1-1)}{2\delta_1}\vartheta_0\tilde{\gamma}_1^2-\frac{\varepsilon_2(2\delta_2-1)}{2\delta_2}\vartheta_0\tilde{\gamma}_2^2\end{aligned}$$

$$\leqslant 3\left(\vartheta_0 \Psi \Delta^2\right)^{\frac{r_1+1}{2}} - 3\left(\vartheta_0 \Psi \Delta^2\right) \tag{4-55}$$

其中，$\Psi = \max\left\{\frac{\varepsilon_i\left(2\delta_i - 1\right)}{2\delta_i}\right\}$，$i = 0,1,2$。然后，式（4-52）可以被改写为

$$\dot{V}_2 \leqslant -6^{\frac{1-r_1}{2}} \rho_1 V_2^{\frac{r_1+1}{2}} - \rho_2 V_2^{\frac{r_2+1}{2}} + \phi_1 + 2\left(\vartheta_0 \Psi \Delta^2\right)^{\frac{r_1+1}{2}} - 2\left(\vartheta_0 \Psi \Delta^2\right) \tag{4-56}$$

根据以上分析，式（4-52）可以表示为

$$\dot{V}_2 \leqslant -6^{\frac{1-r_1}{2}} \rho_1 V_2^{\frac{r_1+1}{2}} - \rho_2 V_2^{\frac{r_2+1}{2}} + \phi \tag{4-57}$$

其中，

$$\phi = \begin{cases} \phi_1, \quad \Delta < \min\left\{1\Big/\sqrt{\frac{\varepsilon_i\left(2\delta_i - 1\right)}{2\delta_i}\vartheta_0}\right\}, i = 0,1,2 \\ \phi_1 + 3\left(\vartheta_0 \Psi \Delta^2\right)^{\frac{r_1+1}{2}} - 3\left(\vartheta_0 \Psi \Delta^2\right), \quad \Delta \geqslant \min\left\{1\Big/\sqrt{\frac{\varepsilon_i\left(2\delta_i - 1\right)}{2\delta_i}\vartheta_0}\right\}, i = 0,1,2 \end{cases} \tag{4-58}$$

由式（4-57）可知，滑动变量 $\boldsymbol{s}$、参数估计 $\tilde{\gamma}_i$ 是一致最终有界。

根据引理 4.2 和式（4-6）可知，闭环系统式（4-18）是实际固定时间收敛的，滑动变量 $\boldsymbol{s}$ 将在固定时间 T_s 内到达收敛邻域 Δs，该邻域 Δs 被定义为

$$\Delta s := \min\left(\left(\frac{6^{\frac{r_1-1}{2}}\phi}{\rho_1(1-\gamma)}\right)^{\frac{2}{r_1+1}}, \left(\frac{\phi}{\rho_2(1-\gamma)}\right)^{\frac{2}{r_2+1}}\right) \tag{4-59}$$

$\boldsymbol{s}$ 的固定时间上界满足

$$T_s \leqslant \frac{6^{\frac{r_1-1}{2}}}{\rho_1\gamma\left(r_1 - 1\right)} + \frac{1}{\rho_2\gamma\left(1 - r_2\right)} \tag{4-60}$$

由于 $\left|s_j\right| \leqslant \Delta s$，$j = 1,2,3$，根据式（4-28），可获得以下关系式：

$$\dot{z}_j + \lambda_1 \mathbf{sig}^{\frac{1}{a_2}}\left[z_j + \lambda_2 \mathbf{sig}^{a_1}\left(z_j\right)\right] = \eta_j, \quad \left|\eta_j\right| \leqslant \Delta s \tag{4-61}$$

根据引理 4.3，变换后的姿态变量 z_j 的固定时间收敛域满足

$$\left|z_j\right| \leqslant \left(\frac{\left|\eta_j\right|}{\lambda_1}\right)^{a_2} \leqslant \left(\frac{\Delta s}{\lambda_1}\right)^{a_2} \tag{4-62}$$

并且 $\dot{z}_j$ 的固定时间收敛域为

$$\left|\dot{z}_j\right| \leqslant \left|\eta_j\right| + \lambda_1 \left\|z_j\right| + \lambda_2 \left|z_j\right|^{a_1}\right|^{\frac{1}{a_2}} \leqslant 2\Delta s \tag{4-63}$$

结合式（4-46）和式（4-60），闭环系统的总收敛时间 T 满足以下不等式，即

$$\begin{aligned} T &= T_r + T_s \\ &\leqslant \frac{1}{\lambda_1 \lambda_2 2^{\frac{a_1+a_2}{2a_2}}} \cdot \frac{2a_2}{a_1 - a_2} + \frac{1}{\lambda_1 2^{\frac{1+a_2}{2a_2}}} \cdot \frac{2a_2}{a_2 - 1} + \frac{6^{\frac{r_1-1}{2}}}{\rho_1 \gamma (r_1 - 1)} + \frac{1}{\rho_2 \gamma (1 - r_2)} \end{aligned} \tag{4-64}$$

综上所述，滑动变量 $\boldsymbol{s}$ 和变换后的姿态变量 $\boldsymbol{z}$ 是局部固定时间一致最终有界的。

注 4.3　由式（4-64）可知，收敛时间只依赖于给定参数 γ、a_1、a_2、λ_1、λ_2、ρ_1 和 ρ_2，而与系统的初始状态无关，这意味着收敛时间可以通过选择合适的参数来设定，且对于系统初始状态的依赖性较小。

4.5　仿真结果及分析

本节将通过多组数值仿真对四旋翼飞行器姿态控制系统进行对比，从而表明所提控制策略的有效性。首先给出了三种不同的控制方案与本书方案进行对比：C1 为本书所提出的控制方案，C2 为自适应有限时间控制[1]，C3 为基于指数趋近律的滑模控制[6]，C4 为基于传统双幂次趋近律的滑模控制[13]。

考虑式（4-2）～式（4-4）中的四旋翼飞行器非线性模型，$\boldsymbol{D}$ 为文献[1]和文献[3]中提供的执行器效率分布矩阵，转子惯性矩阵为

$$\boldsymbol{J}_\omega = 0.015 I_4 \ \mathrm{kg \cdot m^2} \tag{4-65}$$

外部干扰为

$$\boldsymbol{d}(t) = 0.01 \times [\sin(0.8t), \cos(0.5t), \cos(0.3t)]^{\mathrm{T}} \ \mathrm{N \cdot m} \tag{4-66}$$

在式（4-5）中，标称惯性矩阵为

$$J_0 = \mathrm{diag}\left([140,120,130]\right)\ \mathrm{kg}\cdot\mathrm{m}^2 \tag{4-67}$$

不确定惯性矩阵为

$$\Delta J = \mathrm{diag}[\sin(0.1t), 2\sin(0.2t), 3\sin(0.3t)]\ \mathrm{kg}\cdot\mathrm{m}^2 \tag{4-68}$$

系统初始状态为 $\boldsymbol{q}_v(0)=[0.25,-0.1,0.2]^{\mathrm{T}}$， $q_0(0)=0.8875$ 和 $\boldsymbol{\omega}(0)=[0,0,0]^{\mathrm{T}}\ \mathrm{rad/s}$。执行器多故障模型如下：第一个执行器在 25s 后存在一个额外的负偏置力矩，即 F_2（偏差故障）：

$$\overline{u}_1 = -\left(0.012\left(\sin\left(0.8t\right)+0.008\right)\right)\ \mathrm{N}\cdot\mathrm{m} \tag{4-69}$$

第二个执行器的驱动力矩在 5s 后减少为原先效率的 50%，即 F_1（部分失效故障）。

第三个执行器将在 35s 后产生一个额外的负偏执力矩：

$$\overline{u}_3 = -\left(0.004\left(\sin\left(0.8t\right)+0.004\right)\right)\ \mathrm{N}\cdot\mathrm{m} \tag{4-70}$$

并在 5～30s 的时间间隔内进一步损失 60% 的效率。

第四个执行器故障是从 10～30s 失去对控制信号的响应，即 F_3（停机）。

在提出的 C1 控制方案中，固定时间终端滑模面式（4-28）对应的参数为 $\lambda_1=0.25$， $\lambda_2=0.05$， $a_1=2$ 和 $a_2=1.4$。预设性能函数式（4-12）和式（4-14），参数选择为 ρ_0=1/3， $\rho_\infty=0.05$， $\varpi=0.08$， $\psi_{\min}=1$ 和 $\psi_{\max}=1$。趋近律式（4-34）中的参数定义为 $k_1=1$， $k_2=1$， $r_1=1.5$， $r_2=0.2$， $\vartheta=4500$， $p=0.9$ 和 $\chi=5$。自适应更新律式（4-39）～式（4-41）的参数选取为 $\varepsilon_0=0.02$， $\varepsilon_1=0.001$， $\varepsilon_2=0.001$， $c_0=0.05$， $c_1=0.25$ 和 $c_2=0.5$。$\hat{\gamma}_i$ 的初始值 $\hat{\gamma}_0(0)=0.001$， $\hat{\gamma}_1(0)=0.01$ 和 $\hat{\gamma}_2(0)=0.01$。参数 ξ 设置为 0.002。

在 C2 控制方案中，滑动变量 $\boldsymbol{s}$ 为

$$\boldsymbol{s} = \dot{\boldsymbol{q}}_v + \lambda_1 \boldsymbol{q}_v + \lambda_2 \mathbf{sig}\left(\boldsymbol{q}_v\right)^r \tag{4-71}$$

其中， $\lambda_1=0.35$， $\lambda_2=0.55$， $r=\dfrac{11}{13}$，控制器设计为

$$\boldsymbol{u}_c = -\boldsymbol{D}^{\mathrm{T}}\boldsymbol{P}\left[\boldsymbol{u}_{\mathrm{nom}} + \left(\hat{\gamma}_1\|\boldsymbol{D}\| + \hat{\gamma}_2\|\boldsymbol{P}\|\|\boldsymbol{u}_{\mathrm{nom}}\|\right)\boldsymbol{s}/\|\boldsymbol{P}\boldsymbol{s}\|\right] \tag{4-72}$$

$$\boldsymbol{u}_{\mathrm{nom}} = \frac{\left(K_1 + \|\boldsymbol{F}\| + \hat{\gamma}_0\varPhi\right)\cdot \mathrm{sgn}\left(\boldsymbol{s}\right)}{\|\boldsymbol{P}\|^2} \tag{4-73}$$

其中，$K_1=1$，C2 控制方案中的其他参数设置与 C1 相同。

在 C3 控制方案中，滑动变量 $\boldsymbol{s}$ 为

$$\boldsymbol{s}=\dot{\boldsymbol{q}}_v+\lambda_1\boldsymbol{q}_v \tag{4-74}$$

给定改进型幂次趋近律为

$$\dot{\boldsymbol{s}}=-\frac{K_2}{N_1(\boldsymbol{s})}\cdot\mathrm{sgn}(\boldsymbol{s}) \tag{4-75}$$

和

$$N_1(\boldsymbol{s})=\mu+(1-\mu)\mathrm{e}^{-\vartheta\|\boldsymbol{s}\|}\ (0<\mu<1,\vartheta>0) \tag{4-76}$$

其中，$K_2=0.35$，$\mu=0.005$，和 $\vartheta=10$，控制器设计为

$$\boldsymbol{u}_c=-\boldsymbol{D}^{\mathrm{T}}\boldsymbol{P}\left[\boldsymbol{u}_{\mathrm{nom}}+\frac{K_2}{N(\boldsymbol{s})\|\boldsymbol{P}\|^2}\mathrm{sgn}(\boldsymbol{s})+\left(\hat{\gamma}_1\|\boldsymbol{D}\|+\hat{\gamma}_2\|\boldsymbol{P}\|\|\boldsymbol{u}_{\mathrm{nom}}\|\right)\frac{\boldsymbol{s}}{\|\boldsymbol{P}\boldsymbol{s}\|}\right] \tag{4-77}$$

$$\boldsymbol{u}_{\mathrm{nom}}=\frac{\left(\|\boldsymbol{F}\|+\hat{\gamma}_0\varPhi\right)\cdot\mathrm{sgn}(\boldsymbol{s})}{\|\boldsymbol{P}\|^2} \tag{4-78}$$

C3 控制方案中的其他参数设置与 C1 相同。

在 C4 控制方案中，滑动变量 $\boldsymbol{s}$ 为

$$\boldsymbol{s}=\dot{\boldsymbol{q}}_v+\lambda_1\boldsymbol{q}_v \tag{4-79}$$

其中，$\lambda_1=0.6$，给定传统双幂次趋近律为

$$\dot{\boldsymbol{s}}=-K_1\cdot\mathbf{sig}^{r_1}(\boldsymbol{s})-K_2\cdot\mathbf{sig}^{r_2}(\boldsymbol{s}) \tag{4-80}$$

其中，$K_1=1$，$K_2=1$。然后，设计了相应的控制器：

$$\boldsymbol{u}_c=-\boldsymbol{D}^{\mathrm{T}}\boldsymbol{P}\left[\boldsymbol{u}_{\mathrm{nom}}+\frac{K_1}{\|\boldsymbol{P}\|^2}\mathrm{sgn}(\boldsymbol{s})+\frac{K_2}{\|\boldsymbol{P}\|^2}\mathrm{sgn}(\boldsymbol{s})+\left(\hat{\gamma}_1\|\boldsymbol{D}\|+\hat{\gamma}_2\|\boldsymbol{P}\|\|\boldsymbol{u}_{\mathrm{nom}}\|\right)\frac{\boldsymbol{s}}{\|\boldsymbol{P}\boldsymbol{s}\|}\right] \tag{4-81}$$

$$\boldsymbol{u}_{\mathrm{nom}}=\frac{\left(\|\boldsymbol{F}\|+\hat{\gamma}_0\varPhi\right)\cdot\mathrm{sgn}(\boldsymbol{s})}{\|\boldsymbol{P}\|^2} \tag{4-82}$$

C4 控制方案中的其他参数与 C1 保持一致。

图 4-1 和图 4-2 分别给出了滑动变量和控制力矩的时间响应。如图 4-1（b）、图 4-1（c）和图 4-1（d）所示，滑动变量在 C2、C3 和 C4 控制方案下的收敛时间分别约为 15s、18s 和 25s。但从图 4-1（a）可以看出，滑动变量在 C1 控制方案下的收敛时间约为 9s。通过对比四种控制方案下滑动变量的收敛时间，

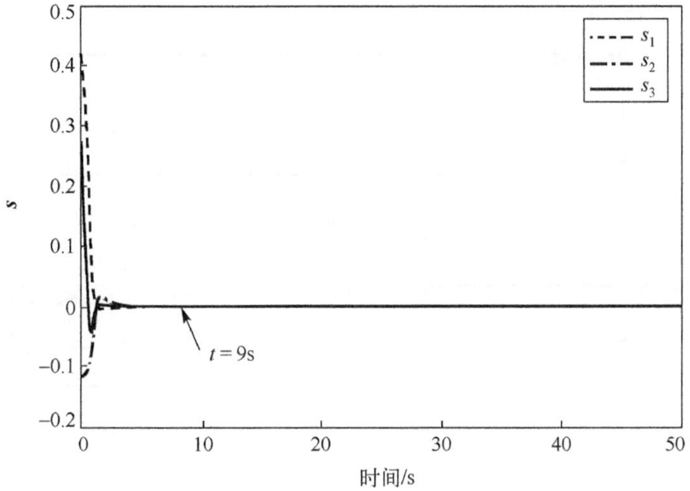

(a) C1

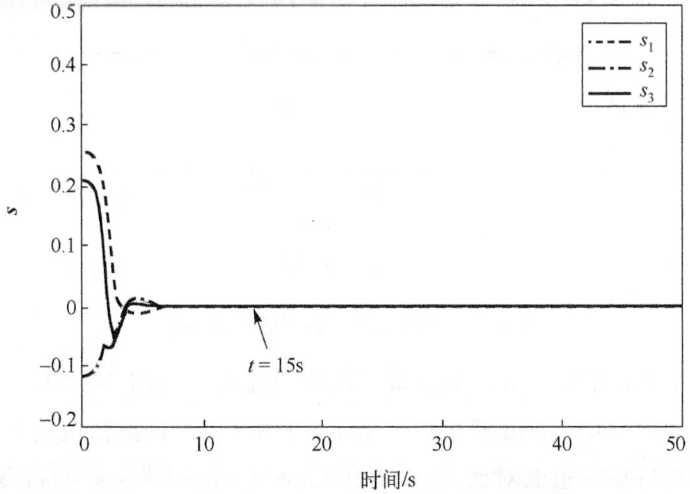

(b) C2

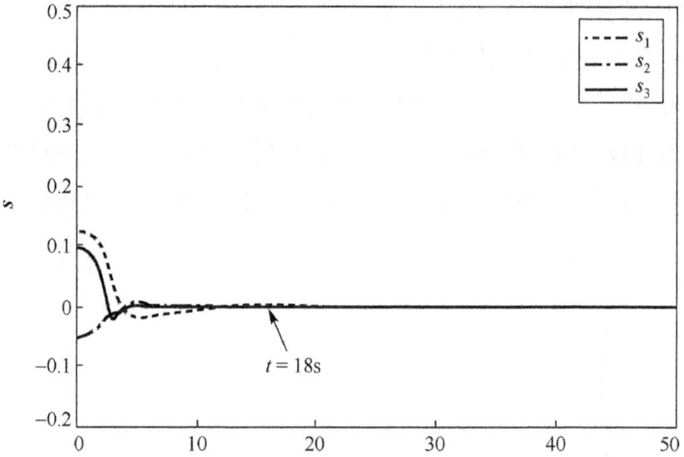

(c) C3

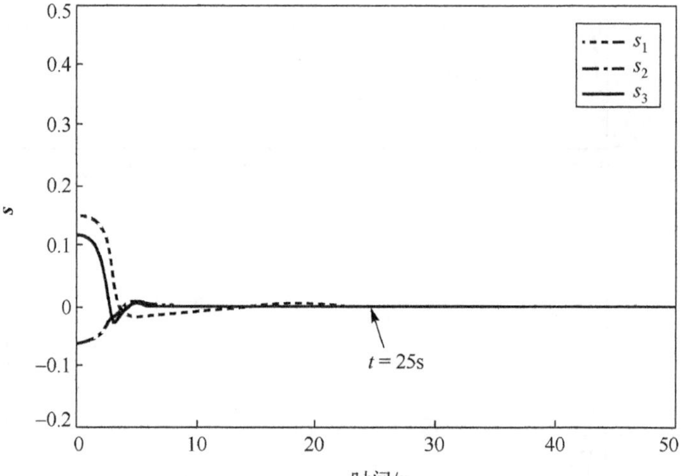

(d) C4

图 4-1　不同控制方案下的滑动变量

可以明显看出 C1 能提供滑动变量最快的收敛速度。在图 4-2 中，C3 和 C4 的抖振幅值分别约为 0.2 N·m 和 0.05 N·m，C1 和 C2 的抖振幅值约为 0.01 N·m。通过控制力矩抖振幅值的对比，可以看出 C1 和 C2 能提供更好的抖振抑制效果。综合图 4-1 和图 4-2 可得，C1 的控制效果优于 C2、C3 和 C4，而且 C1 能提供更快的收敛速度和更好的抖振抑制效果。

四旋翼飞行器姿态四元数和角速度时间响应结果分别如图 4-3 和图 4-4 所示。图 4-3 和图 4-4 中，姿态四元数和角速度在 C1 控制方案下的收敛时间约为 11s，分别比在 C2、C3 和 C4 控制方案下的收敛时间快近 7s、10s 和 19s。基于

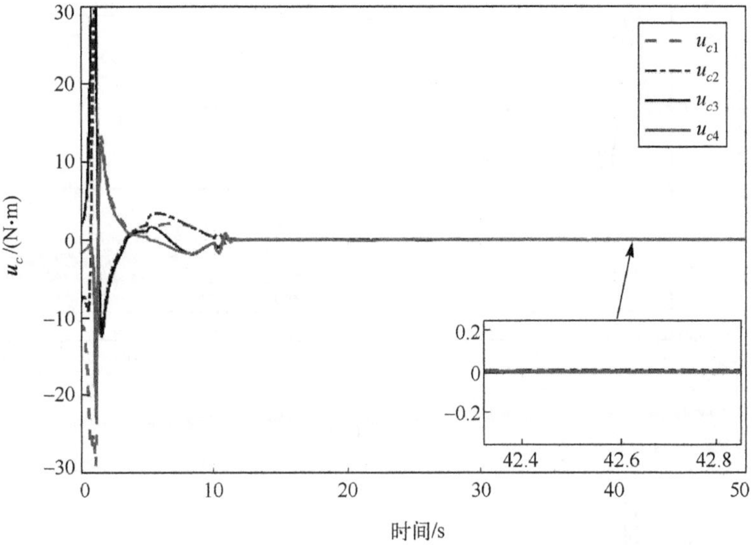

(a) C1

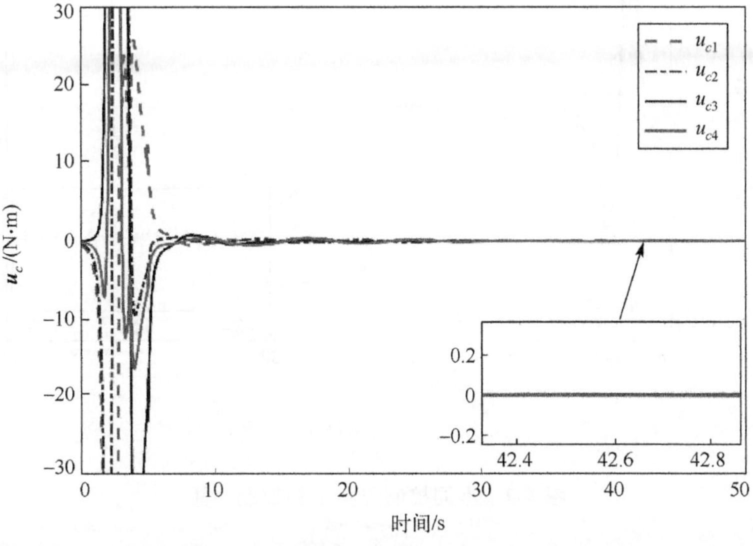

(b) C2

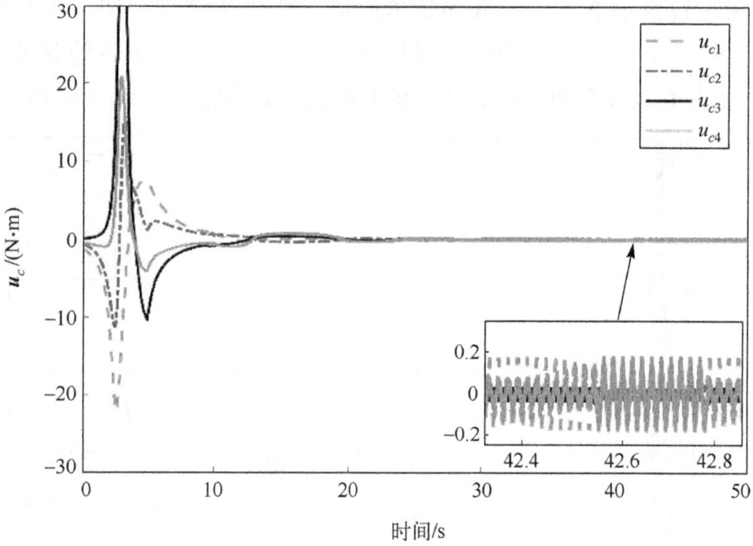

(c) C3

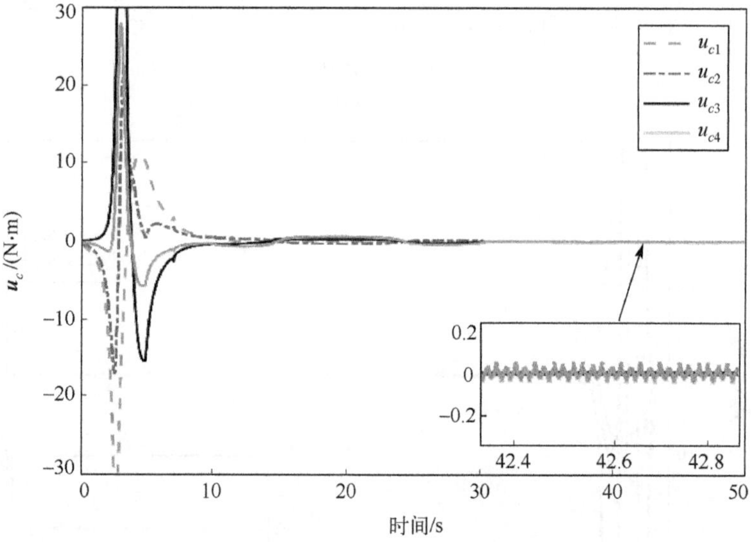

(d) C4

图 4-2　不同控制方案下的控制力矩

类似的分析，通过对比姿态四元数和角速度的收敛时间，C1 能保证系统状态更快的收敛速度，相应的参数估计如图 4-5 所示。

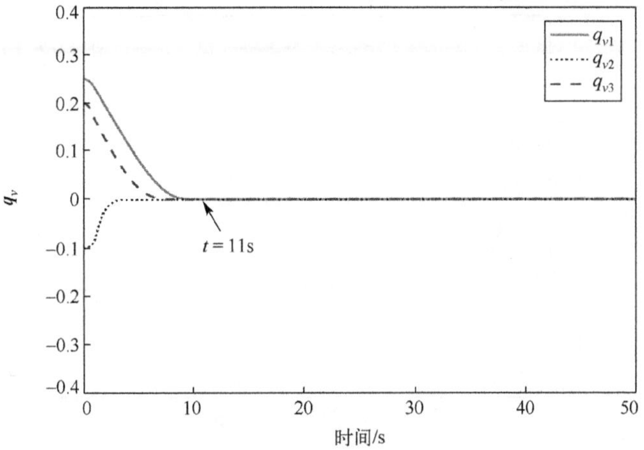

q_v
时间/s
q_{v1}
q_{v2}
q_{v3}
$t=11$s
0.4
0.3
0.2
0.1
0
−0.1
−0.2
−0.3
−0.4
0
10
20
30
40
50

(a) C1

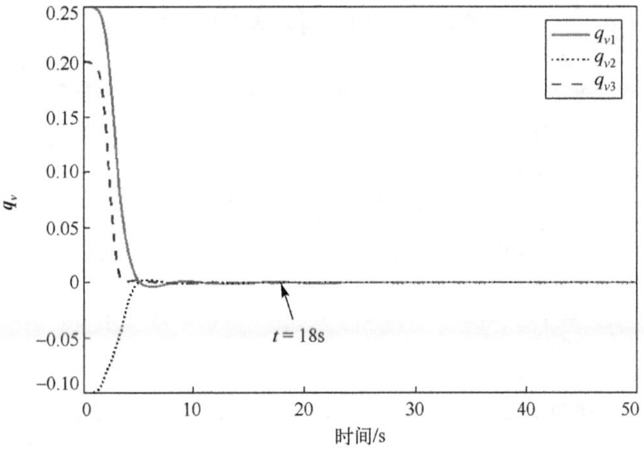

q_v
时间/s
q_{v1}
q_{v2}
q_{v3}
$t=18$s
0.25
0.20
0.15
0.10
0.05
0
−0.05
−0.10
0
10
20
30
40
50

(b) C2

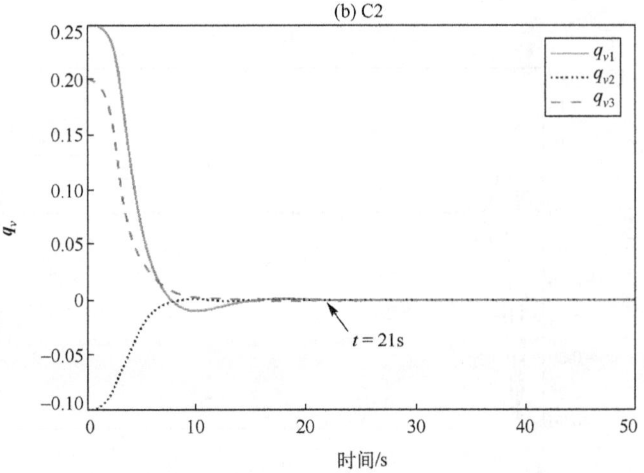

q_v
时间/s
q_{v1}
q_{v2}
q_{v3}
$t=21$s
0.25
0.20
0.15
0.10
0.05
0
−0.05
−0.10
0
10
20
30
40
50

(c) C3

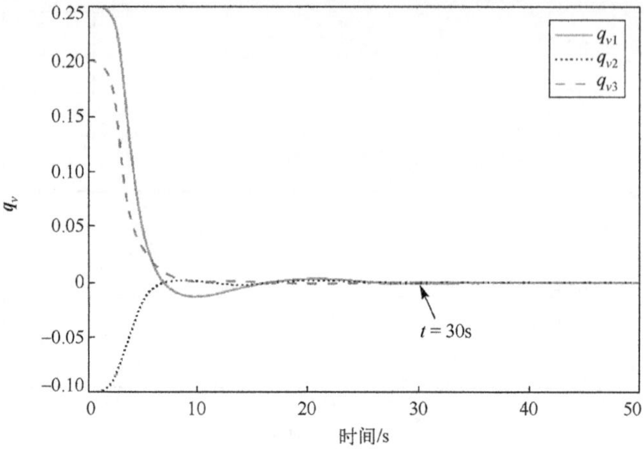

(d) C4

图 4-3　不同控制方案下的姿态

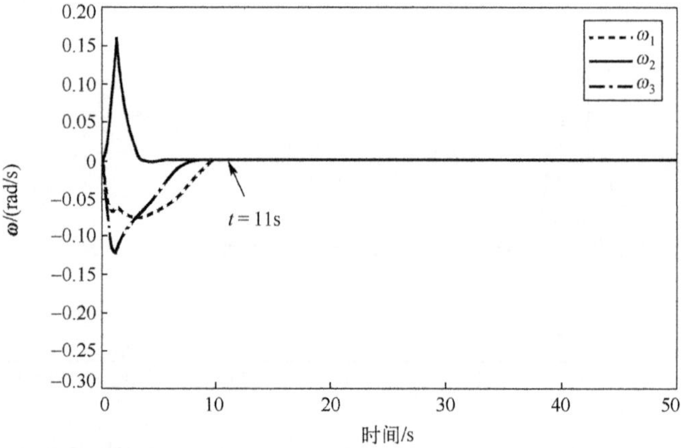

(a) C1

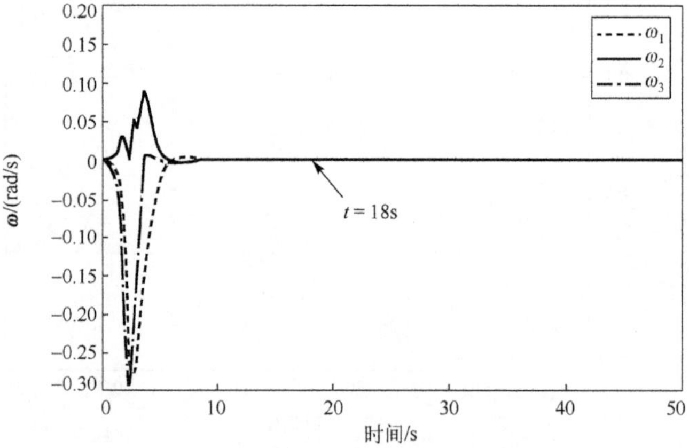

(b) C2

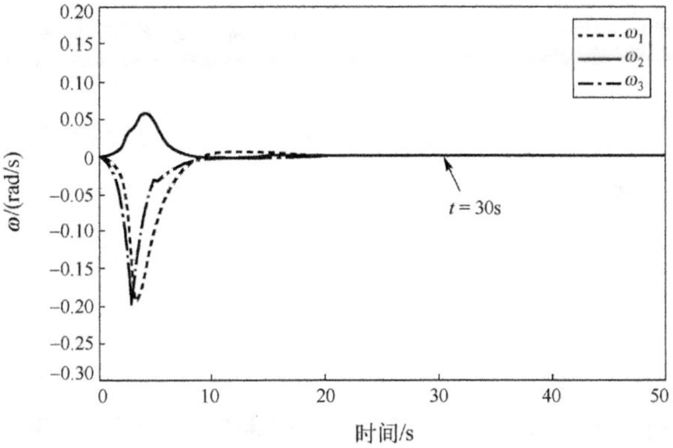

(c) C3

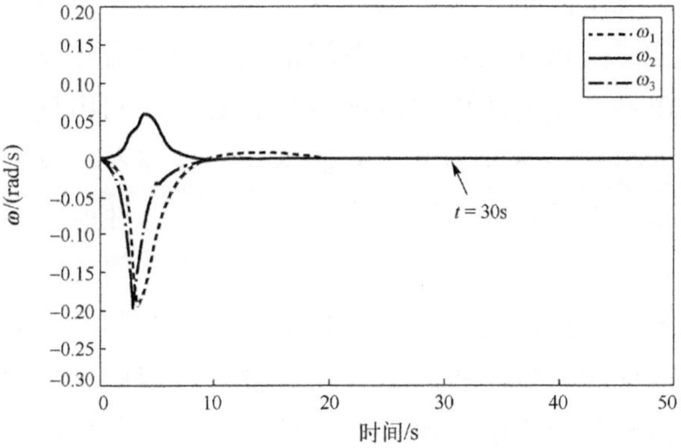

(d) C4

图 4-4　不同控制方案下的角速度

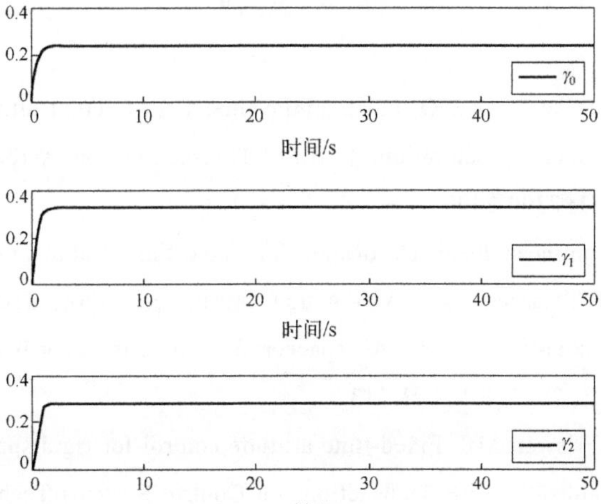

图 4-5　C1 的参数估计

由以上的数据分析可以得出，与 C2、C3 和 C4 控制方案相比较，本章所提出的 C1 控制方案可以实时调节系统的控制增益，减少稳态时的抖振现象，而且能保证滑动变量 $\boldsymbol{s}$ 、姿态四元数 $\boldsymbol{q}_v$ 和角速度 $\boldsymbol{\omega}$ 获得更快的收敛速度，进一步提高系统的瞬态性能。

4.6 本章小结

针对具有执行器故障，惯性不确定性和未知外部干扰的四旋翼飞行器姿态控制系统，本章研究了四旋翼飞行器固定时间自适应姿态镇定问题。首先，构造一个包含转换姿态变量的固定时间终端滑模面，利用分段连续函数避免奇异性问题，同时实现系统状态的固定时间收敛。其次，利用反三角函数设计一种增强型双幂次趋近律来动态地调节控制器增益，使姿态在瞬态时快速收敛，稳态下又能抑制抖振。然后，为了进一步提高系统瞬态性能，同时避免控制器设计中的奇异性问题，本章利用预设性能函数约束姿态四元数，使其满足预设性能边界的要求。本章所提出的固定时间自适应容错控制器无需对系统不确定性上界的先验知识，同时通过李雅普诺夫稳定性证明四旋翼飞行器的姿态和角速度能在固定时间内收敛至平衡点附近的邻域内。最后，数值仿真验证了所提出控制策略的有效性。

参考文献

[1] Shen Q, Wang D W, Zhu S Q, et al. Finite-time fault-tolerant attitude stabilization for spacecraft with actuator saturation[J]. IEEE Transactions on Aerospace and Electronic Systems, 2015, 51: 2390-2405.

[2] Polyakov A. Nonlinear feedback design for fixed-time stabilization of linear control systems[J]. IEEE Transactions on Automatic Control, 2012, 57(8): 2106-2110.

[3] Gao J, Cai Y. Fixed-time control for spacecraft attitude tracking based on quaternion[J]. Acta Astronautica, 2015, 115: 303-313.

[4] Jiang B, Hu Q, Friswell M I. Fixed-time attitude control for rigid spacecraft with actuator saturation and faults[J]. IEEE Transactions on Control Systems Technology, 2016, 24(5): 1892-1898.

[5] Huang Y, Jia Y M. Adaptive fixed-time six-DOF tracking control for noncooperative spacecraft fly-around mission[J]. IEEE Transactions on Control Systems Technology, 2019, 27(4): 1796-1804.

[6] Fallaha C J, Saad M, Kanaan H Y, et al. Sliding-mode robot control with exponential reaching law[J]. IEEE Transactions on Industrial Electronics, 2011, 58(2): 600-610.

[7] Mozayan S, Saad M, Vahedi H, et al. Sliding mode control of PMSG wind turbine based on enhanced exponential reaching law[J]. IEEE Transactions on Industrial Electronics, 2016, 63(10): 6148-6159.

[8] Dydek T Z, Annaswamy M A, Lavretsky E. Adaptive control of quadrotor UAVs: A design trade study with flight evaluations[J]. IEEE Transactions on Control Systems Technology, 2013, 21(4): 1400-1406.

[9] Zhang Y M, Chamseddine A, Rabbath C A, et al. Development of advanced FDD and FTC techniques with application to an unmanned quadrotor helicopter testbed[J]. Journal of the Franklin Institute, 2013, 350(9): 2396-2422.

[10] Chen Q, Xie S Z, Sun M X, et al. Adaptive nonsingular fixed-time attitude stabilization of uncertain spacecraft[J]. IEEE Transactions on Aerospace and Electronic Systems, 2018, 54(6): 2937-2950.

[11] Li H J, Cai Y L. On SFTSM control with fixed-time convergence[J]. IET Control Theory and Applications, 2017, 11(6): 766-773.

[12] Jin J, Ko S, Ryoo C. Fault tolerant control for satellites with four reaction wheels[J]. Control Engineering Practice, 2008,16(10):1250-1258.

[13] 李慧洁, 蔡远利. 基于双幂次趋近律的滑模控制方法[J]. 控制与决策, 2016, 31(3): 498-502.

[14] Costic B T, Dawson D W, Queiroz M S D, et al. Quaternion-based adaptive attitude tracking controller without velocity measurements[J]. Journal of Guidance Control and Dynamics, 2001, 24(6): 1214-1222.

[15] Du H B, Li S H. Finite-time attitude stabilization for a spacecraft using homogeneous method[J]. Journal of Guidance Control and Dynamics, 2012, 35(3): 740-748.

[16] Bechlioulis C P, Rovithakis G A. Robust adaptive control of feedback linearizable MIMO nonlinear systems with prescribed performance[J]. IEEE Transaction Automatic Control, 2008, 53(9): 2090-2099.

[17] Bechlioulis C P, Rovithakis G A. Adaptive control with guaranteed transient and steady state tracking error bounds for strict feedback systems[J]. Automatica, 2009, 45(2): 532-538.

[18] Bechlioulis C P, Rovithakis G A. Prescribed performance adaptive control for multi-input multi-output affine in the control nonlinear systems[J]. IEEE Transaction Automatic Control, 2010, 55(5): 1220-1226.

[19] Na J, Chen Q, Ren X, et al. Adaptive prescribed performance motion control of servo mechanisms with friction compensation[J]. IEEE Transactions on Industrial Electronics, 2014, 61(1): 486-494.

[20] Murugesan S, Goel P S. Fault-tolerant spacecraft attitude control system[J]. Sadhana, 1987, 11(1/2): 233-261.

第 5 章 执行器饱和与故障的非奇异固定时间姿态控制

5.1 引 言

第 4 章中所提出的固定时间自适应控制方案能实现四旋翼飞行器的姿态固定时间稳定收敛，提高了四旋翼飞行器姿态控制系统收敛速度和鲁棒性，减少了对系统初始状态的依赖性。奇异性问题作为固定时间控制设计中需要解决的主要问题之一，对四旋翼飞行器的姿态控制具有重要意义。为了避免固定时间姿态控制中奇异性问题可能导致的无限控制力矩甚至闭环系统不稳定，第 4 章设计了基于分段连续函数的固定时间滑模面，从而避免对滑动变量求导时产生的奇异性问题。文献[1,2]中采用类似第 4 章中的处理方法，即利用分段连续函数将滑模面分成两个或多个独立的部分，从而克服潜在的奇异性。然而，这将导致更复杂的固定时间稳定性分析。另一种解决方案是直接构造非奇异固定时间滑模面[3,4]。尽管上述方法可以在对滑动变量进行微分时避免奇异性问题，但在控制器设计中仍然需要使用分段连续函数来克服由于对误差矩阵求逆所导致的奇异性问题。文献[4]提出一种新型的非奇异终端滑模面来保证全局固定时间稳定，但在控制器设计中需要系统非线性动力学的先验知识和扰动上界，这可能会制约其在实际应用中的推广。

另一方面，设计四旋翼飞行器姿态控制器通常需要系统模型或具体动力学信息[5-14]。然而，由于存在不可避免的系统不确定性，使得在实际应用中很难获得准确的模型信息。为了处理系统不确定性，文献[15]提出一种模糊自适应四旋翼飞行器姿态控制策略，并通过模糊规则调整控制增益，以减小抖振问题。文献[16]设计神经网络自适应容错控制方案解决存在非线性不确定性的四旋翼飞行器控制问题，在不需要精确模型信息的情况下，实现跟踪误差的有限时间收敛。文献[17]构造神经网络自适应抗饱和控制器，实现具有执行器饱和的四旋翼飞行器位置和姿态跟踪误差有限时间收敛。文献[18]设计一个积分鲁棒神经自适应控制器来实现四旋翼飞行器的地面目标跟踪任务，并保证了系统的渐近收敛性。在文献[19]中，针对四旋翼飞行器的姿态和位置跟踪问题，分别提出输出反馈控制和状态反馈模糊动态面控制方案。文献[20]针对存在时变和耦合不确定性的四旋翼飞行器动力学模型，提出采用改进权值更新规则的鲁棒跟踪控制方案，并将神经网络应用到学习控制方案中，得到标称误差子系统的近似最优控制规律。通过设计位置和姿态跟踪误差子系统，引入相关标称误差子系统的近似最优控制构造鲁棒跟踪控制策略实现跟踪误差的渐近收敛。然而，由于控制器设计和稳定性分析的困难，如何设计具有快速收敛速度的不确定四旋翼飞行器系统的非奇异固定时间姿态跟踪控制方案仍然是一项具有挑战性的工作。

在实际应用中，四旋翼飞行器的旋翼转速受到电机[21]物理约束引起的饱和非线性的限制，这意味着计算出的旋翼转速指令不能直接用于实际的飞行控制。此外，执行器饱和问题在许多机械系统中普遍存在，执行器饱和非线性会严重限制系统控制性能，甚至导致被控系统[22]不稳定。文献[15,16,18-20]均未考虑执行器饱和问题。因此，在考虑执行器故障、惯性不确定性和未知外部干扰的基础上，继续研究执行器饱和对四旋翼飞行器姿态控制的影响具有重大的实际意义。

在上述讨论的启发下，本章将针对执行器饱和与故障、惯性不确定性和未知外部干扰的四旋翼飞行器姿态跟踪问题，提出基于模糊逻辑系统的固定时间自适应容错控制方法。首先，本章将设计新型的非奇异固定时间滑模面，解决因滑动变量微分时产生的奇异性问题，保证系统跟踪误差的固定时间收敛。其次，将在控制器设计中通过构造辅助函数，避免由于对误差矩阵求逆引起的控制器奇异性问题。然后，本章将利用模糊逻辑系统逼近非线性不确定性，设计自适应更新律估计模糊逻辑系统权值参数。同时，本章将使用第 4 章所提出的增强型双幂次趋近律来调节控制增益，在不引起稳态抖振的情况下，提高系统瞬态的收敛速度。本章所提出的控制策略无需使用任何分段连续函数，不仅能降低计算复杂度，同时避免复杂的固定时间误差收敛分析。最后，给出基于李雅普诺夫的稳定性证明，即滑动变量和跟踪误差是固定时间一致最终有界的。

5.2 问题描述

5.2.1 系统描述

本章采用基于四元数的四旋翼飞行器动力学模型式（2-10），即

$$J\dot{\omega} = -\omega^{\times} J\omega + \tau + d \tag{5-1}$$

其中，$J \in \mathbb{R}^{3\times3}$ 是四旋翼飞行器的惯性矩阵，$\omega = [\omega_1, \omega_2, \omega_3]^{\mathrm{T}} \in \mathbb{R}^{3\times1}$ 是四旋翼飞行器的角速度，$\tau = [\tau_1, \tau_2, \tau_3]^{\mathrm{T}} \in \mathbb{R}^{3\times1}$ 表示旋转螺旋桨产生的广义控制力矩，$d = [d_1, d_2, d_3]^{\mathrm{T}} \in \mathbb{R}^{3\times1}$ 表示外部干扰。

定义 $J = J_0 + \Delta J$，将等式（5-1）重写为

$$J_0\dot{\omega} = -\omega^{\times} J_0\omega - \omega^{\times}\Delta J\omega - \Delta J\dot{\omega} + \tau + d \tag{5-2}$$

其中，J_0 和 ΔJ 分别表示为四旋翼飞行器的标称惯性矩阵和不确定惯性矩阵。

本章使用四旋翼飞行器姿态跟踪模型式（2-15），即

$$\dot{e}_q = e_\omega \tag{5-3}$$

根据式（2-13）、式（5-2）和式（5-3）得到如下四元数误差模型：

$$\begin{aligned} &\dot{e}_q = e_\omega \\ &\dot{e}_\omega = -J_0^{-1}\omega^{\times} J_0\omega - J_0^{-1}\omega^{\times}\Delta J\omega - J_0^{-1}\Delta J\dot{\omega} + J_0^{-1}\tau + J_0^{-1}d - \dot{\omega}^r \end{aligned} \tag{5-4}$$

5.2.2　执行器饱和与故障模型

考虑四旋翼飞行器执行器饱和与故障的影响，式（5-4）中的广义控制力矩 τ 可表示为

$$\tau = E\mathbf{sat}(u) \tag{5-5}$$

其中，$E = \mathrm{diag}\{e_1, e_2, e_3\}$ 表示执行器效率因子矩阵满足 $0 < e_i \leqslant 1\ (i = 1,2,3)$，$u = [u_1, u_2, u_3]^{\mathrm{T}} \in \mathbb{R}^{3\times1}$ 是被设计的控制输入信号，$\mathbf{sat}(u) = [\mathrm{sat}(u_1), \mathrm{sat}(u_2), \mathrm{sat}(u_3)]^{\mathrm{T}}$ 表示饱和控制信号，其形式为

$$\mathrm{sat}(u_i) = \mathrm{sgn}(u_i) \times \min\{|u_i|, u_{Mi}\}, \quad i = 1,2,3 \tag{5-6}$$

其中，u_{Mi} 是第 i 个轴提供的最大力矩，$\mathrm{sgn}(\bullet)$ 为不连续符号函数。利用光滑双曲正切函数 $\tanh\left(\dfrac{u_i}{u_{Mi}}\right)$ 对饱和控制信号进行近似。因此，饱和函数 $\mathbf{sat}(u)$ 可以表示为

$$\mathbf{sat}(u) = g(u) + d_s(u) \tag{5-7}$$

其中，$\boldsymbol{g}(\boldsymbol{u})=[g_1(u_1),g_2(u_2),g_3(u_3)]^{\mathrm{T}}$ 给定为

$$g_i(u_i)=u_{Mi}\times\tanh\left(\frac{u_i}{u_{Mi}}\right)=u_{Mi}\frac{\mathrm{e}^{\frac{u_i}{u_{Mi}}}-\mathrm{e}^{\frac{-u_i}{u_{Mi}}}}{\mathrm{e}^{\frac{u_i}{u_{Mi}}}+\mathrm{e}^{\frac{-u_i}{u_{Mi}}}} \tag{5-8}$$

和 $\boldsymbol{d}_s(\boldsymbol{u})=[d_{s1}(u_1),d_{s2}(u_2),d_{s3}(u_3)]^{\mathrm{T}}\in\mathbb{R}^{3\times1}$ 表示近似误差向量，其中，$d_{si}(u_i)$ 是有界的，满足

$$|d_{si}(u_i)|=|\mathrm{sat}(u_i)-g_i(u_i)|\leqslant u_{Mi}(1-\tanh(1)) \tag{5-9}$$

根据均值定理，即当 $g_i(\cdot)$：$\lfloor u_i',u_i\rfloor\to\mathbb{R}$ 是封闭区间 $[u_i',u_i]$ 上的一个连续函数，它在开区间 (u_i',u_i) 上是可微的，且 $u_i'<u_i$。当存在一个常量 $c_i\ (0<c_i<1)$，使得下式成立：

$$g_i(u_i)=g_i(u_i')+g_\mu(u_i)(u_i-u_i') \tag{5-10}$$

其中，$g_\mu(u_i)=\left.\dfrac{\partial g(\cdot)}{\partial u_i}\right|_{u_i=u_i^{c_i}}$，$u_i^{c_i}=c_iu_i+(1-c_i)u_i'$。令 $u_i'=0$，代入式（5-10）得到

$$g_i(u_i)=g_\mu(u_i)u_i \tag{5-11}$$

由式（5-8）可知，$g_i(u_i)$ 是一个单调递增函数，且满足 $0<g_\mu(u_i)\leqslant1$。

将式（5-7）和式（5-11）代入式（5-5）得到

$$\boldsymbol{\tau}=\boldsymbol{H}\boldsymbol{u}+\boldsymbol{E}\boldsymbol{d}_s(\boldsymbol{u}) \tag{5-12}$$

其中，$\boldsymbol{H}=\boldsymbol{E}\boldsymbol{G}$ 和 $\boldsymbol{G}=\mathrm{diag}\{g_\mu(u_1),g_\mu(u_2),g_\mu(u_3)\}$。

将式（5-12）代入式（5-4）得到

$$\begin{aligned}&\dot{\boldsymbol{e}}_q=\boldsymbol{e}_\omega\\&\dot{\boldsymbol{e}}_\omega=-\boldsymbol{J}_0^{-1}\boldsymbol{\omega}^\times\boldsymbol{J}_0\boldsymbol{\omega}-\boldsymbol{J}_0^{-1}\boldsymbol{\omega}^\times\Delta\boldsymbol{J}\boldsymbol{\omega}-\boldsymbol{J}_0^{-1}\Delta\boldsymbol{J}\dot{\boldsymbol{\omega}}+\boldsymbol{J}_0^{-1}\boldsymbol{H}\boldsymbol{u}+\boldsymbol{D}(t)-\dot{\boldsymbol{\omega}}_r\end{aligned} \tag{5-13}$$

其中，$\boldsymbol{D}(t)=\boldsymbol{J}_0^{-1}\boldsymbol{d}+\boldsymbol{J}_0^{-1}\boldsymbol{E}\boldsymbol{d}_s$，由于 $\boldsymbol{d}$ 和 $\boldsymbol{d}_s$ 是有界的，$\boldsymbol{D}(t)$ 也是有界的，存在未知正常数 d_m 满足 $\|\boldsymbol{D}(t)\|\leqslant d_m$。

本章的控制目标是针对四旋翼飞行器姿态系统误差模型式（5-13），存在执行器饱和与故障式（5-5）的情况下，设计控制器 $\boldsymbol{u}$ 实现跟踪误差 $\boldsymbol{e}_q$ 和 $\boldsymbol{e}_\omega$ 可以在固定时间内收敛至原点附近的小区域内，即 $\boldsymbol{q}$ 可以在固定时间内跟踪上 $\boldsymbol{q}^r$。

注 5.1　当 $\boldsymbol{e}_q$ 在固定时间内收敛到平衡点时，保证了 $\boldsymbol{q}_v$ 的固定时间收敛性。根据单位四元数的约束关系，$q_0=1$ 和 $q_0=-1$ 可能存在两种平衡态。然而，这两种平衡态都对应一个唯一的物理平衡方向[23]，即只需要保证 $\boldsymbol{e}_q$ 的固定时间收敛即可。

5.2.3　模糊逻辑系统

在大多数的实际应用中，关于系统不确定性的先验知识并不容易获得，因此一些人工智能技术包括神经网络和模糊逻辑系统（fuzzy logic system，FLS）被用于处理系统不确定性。模糊逻辑系统的基础是由以下模糊规则组成的。

规则 l：如果 x_1 是 F_1^l，x_2 是 F_2^l，…，x_n 是 F_n^l，

那么 $\boldsymbol{y}$ 是 M^l，$l=1,2,\cdots,N$。

其中，$\boldsymbol{x}=\left[x_1,x_2,\cdots,x_n\right]^{\mathrm{T}}$ 是模糊逻辑系统的输入，$\boldsymbol{y}$ 是模糊逻辑系统的输出，F_i^l 和 M^l 分别表示隶属度函数 $\mu_{G^l(y)}$ 和 $\mu_{F_i^l}\left(x_i\right)$ 相关的模糊集，N 表示模糊规则的数目。

如文献[23]所示，模糊逻辑系统的输出为

$$\boldsymbol{y}(\boldsymbol{x})=\frac{\sum_{l=1}^{N}\bar{y}_l\prod_{i=1}^{n}\mu_{F_i^l}\left(x_i\right)}{\sum_{l=1}^{N}\left[\prod_{i=1}^{n}\mu_{F_i^l}\left(x_i\right)\right]} \tag{5-14}$$

其中，$\bar{y}_l=\max\limits_{y\in R}\mu_{G^l(y)}$，$\mu_{F_i^l}\left(x_i\right)$ 是模糊变量的隶属函数值。

定义 $\boldsymbol{\theta}=\left[\bar{y}_1,\bar{y}_2,\cdots,\bar{y}_N\right]^{\mathrm{T}}=\left[\theta_1,\theta_2,\cdots,\theta_N\right]^{\mathrm{T}}$ 为理想权重，式（5-14）可以写成

$$\boldsymbol{y}(\boldsymbol{x})=\boldsymbol{\theta}^{\mathrm{T}}\boldsymbol{\xi}(\boldsymbol{x}) \tag{5-15}$$

其中，$\boldsymbol{\xi}(\boldsymbol{x})=\left[\xi_1(\boldsymbol{x}),\xi_2(\boldsymbol{x}),\cdots,\xi_N(\boldsymbol{x})\right]^{\mathrm{T}}$ 是基函数向量，即

$$\xi_l=\frac{\prod_{i=1}^{n}\mu_{F_i^l}\left(x_i\right)}{\sum_{l=1}^{N}\left[\prod_{i=1}^{n}\mu_{F_i^l}\left(x_i\right)\right]} \tag{5-16}$$

注 5.2　本章所采用的模糊逻辑系统是一种参数线性化逼近工具，它可以用其他逼近函数代替，如第 3 章所应用的径向基神经网络方法。与 RBFNN 方

法相比，所采用的 FLS 可以方便地通过自然语言与人机界面进行交互，并且易于将模糊条件语句添加到控制器设计中。

5.2.4 相关引理

引理 5.1[23]　设 $f(x)$ 是一个定义在紧集 Ω 上的连续函数，对于任意常数 $\varepsilon^*>0$，存在一个 FLS 式（5-15），使以下不等式成立：

$$\sup_{\boldsymbol{x}\in\Omega}\left|f(\boldsymbol{x})-\boldsymbol{\theta}^{\mathrm{T}}\boldsymbol{\xi}(\boldsymbol{x})\right|\leqslant\varepsilon^* \tag{5-17}$$

引理 5.2[24]　当存在连续函数 $V(x)$ 和标量 $\alpha_1>0$，$\alpha_2>0$，$\gamma_1>1$，$0<\gamma_2<1$ 和 $0<\eta<\infty$ 时，系统 $\dot{\boldsymbol{x}}=f(\boldsymbol{x})$ 的轨迹是实际固定时间稳定的，并且保证不等式：

$$\dot{V}(\boldsymbol{x})\leqslant-\alpha_1V^{\gamma_1}-\alpha_2V^{\gamma_2}+\eta \tag{5-18}$$

成立，那么其解的残差集为

$$\left\{\lim_{t\to T}\boldsymbol{x}\middle|\ V(\boldsymbol{x})\leqslant\min\left\{\left(\frac{\eta}{(1-\kappa)\alpha_1}\right)^{\frac{1}{\gamma_1}},\left(\frac{\eta}{(1-\kappa)\alpha_2}\right)^{\frac{1}{\gamma_2}}\right\}\right\} \tag{5-19}$$

其中，$0<\kappa<1$，且收敛时间的上界为

$$T\leqslant\frac{1}{\alpha_1}\frac{1}{\gamma_1-1}+\frac{1}{\alpha_2}\frac{1}{1-\gamma_2} \tag{5-20}$$

5.3 非奇异固定时间模糊自适应控制

5.3.1 非奇异固定时间滑模面设计

为了实现系统状态的固定时间稳定性，同时避免潜在的奇异性问题，本章构造一种新型的非奇异固定时间滑模面为

$$\boldsymbol{s}=\mathbf{sig}^{\frac{a_1}{a_2}}\boldsymbol{e}_q+\frac{\lambda_1}{2-a_2}\mathbf{sig}^{2-a_2}\left(\boldsymbol{e}_\omega+\lambda_2\mathbf{sig}^{\frac{a_1}{a_2}}\boldsymbol{e}_q\right) \tag{5-21}$$

其中，$\boldsymbol{s}=[s_1,s_2,s_3]^{\mathrm{T}}\in\mathbb{R}^{3\times1}$，$\lambda_1>0$，$\lambda_2>0$，$0<a_2<a_1<a_2(2-a_2)<1$，$a_1=\dfrac{p_1}{q_1}$，

$a_2 = \dfrac{p_2}{q_2}$，$2 - a_2 = \dfrac{q_3}{p_3}$，当 $i = 1,2,3$ 时，p_i 和 q_i 是满足 $p_i < q_i$ 的正奇数，定义 $\mathbf{sig}^r(\boldsymbol{x}) = \left[|x_1|^r \operatorname{sgn}(x_1), |x_2|^r \operatorname{sgn}(x_2), |x_3|^r \operatorname{sgn}(x_3)\right]^{\mathrm{T}}$，$\boldsymbol{x} = [x_1, x_2, x_3]^{\mathrm{T}}$ 和 r 是正常数。

式（5-21）关于时间的一阶导数为

$$\dot{\boldsymbol{s}} = \frac{a_1}{a_2}\operatorname{diag}\left(\left|e_{q_i}\right|^{\frac{a_1}{a_2}-1}\right)\boldsymbol{e}_\omega + \lambda_1\left|\boldsymbol{e}_\omega + \lambda_2\mathbf{sig}^{\frac{a_1}{a_2}}\boldsymbol{e}_q\right|^{1-a_2} \cdot \left(\dot{\boldsymbol{e}}_\omega + \frac{\lambda_2 a_1}{a_2}\operatorname{diag}\left(\left|e_{q_i}\right|^{\frac{a_1}{a_2}-1}\right)\boldsymbol{e}_\omega\right) \tag{5-22}$$

其中，$\boldsymbol{e}_q = \left[e_{q_1}, e_{q_2}, e_{q_3}\right]^{\mathrm{T}}$。

需要注意的是，由于 $\dfrac{a_1}{a_2} - 1 > 0$ 和 $1 - a_2 > 0$，在式（5-22）中不存在奇异性问题。当滑动变量 $\boldsymbol{s}$ 到达滑模面 $\boldsymbol{s} = 0$ 时，式（5-21）等价为

$$\boldsymbol{s} = \boldsymbol{e}_\omega + \bar{\lambda}_1\mathbf{sig}^{\bar{a}_1}\boldsymbol{e}_q + \bar{\lambda}_2\mathbf{sig}^{\bar{a}_2}\boldsymbol{e}_q = 0 \tag{5-23}$$

其中，$\bar{a}_1 = \dfrac{a_1}{a_2}$，$\bar{a}_2 = \dfrac{a_1}{a_2(2-a_2)}$，$\bar{\lambda}_1 = \lambda_2$，$\bar{\lambda}_2 = \left(\dfrac{2-a_2}{\lambda_1}\right)^{\frac{1}{2-a_2}}$。

将式（5-4）的第一个方程代入式（5-23）中，得到

$$\dot{\boldsymbol{e}}_q = -\bar{\lambda}_1\mathbf{sig}^{\bar{a}_1}(\boldsymbol{e}_q) - \bar{\lambda}_2\mathbf{sig}^{\bar{a}_2}(\boldsymbol{e}_q) \tag{5-24}$$

其中，$\bar{\lambda}_1 > 0$，$\bar{\lambda}_2 > 0$，$\bar{a}_1 > 1$ 和 $0 < \bar{a}_2 < 1$。

引理 5.3　考虑四旋翼飞行器姿态跟踪误差系统式（5-4）和非奇异固定时间滑模面式（5-21），当 $\boldsymbol{s} = 0$ 时，在固定时间内实现 $\boldsymbol{e}_q \to 0$ 和 $\boldsymbol{e}_\omega \to 0$。

证明　为了分析 $\boldsymbol{s} = 0$ 时，$\boldsymbol{e}_q$ 的固定时间收敛性，设计了一个李雅普诺夫函数：

$$V_1 = \frac{1}{2}\boldsymbol{e}_q^{\mathrm{T}}\boldsymbol{e}_q \tag{5-25}$$

对 V_1 进行求导，并考虑式（5-24）的结果，可得

$$\begin{aligned}\dot{V}_1 &= \boldsymbol{e}_q^{\mathrm{T}}\dot{\boldsymbol{e}}_q \\ &= \boldsymbol{e}_q^{\mathrm{T}}\left[-\bar{\lambda}_1\mathbf{sig}^{\bar{a}_1} - \bar{\lambda}_2\mathbf{sig}^{\bar{a}_2}(\boldsymbol{e}_q)\right] \\ &= -\bar{\lambda}_1\sum_{i=1}^{3}\left|e_{q_i}\right|^{1+\bar{a}_1} - \bar{\lambda}_2\sum_{i=1}^{3}\left|e_{q_i}\right|^{1+\bar{a}_2} \\ &= -\varrho_1 V_1^{\frac{1+\bar{a}_1}{2}} - \varrho_2 V_1^{\frac{1+\bar{a}_2}{2}}\end{aligned} \tag{5-26}$$

其中，$\varrho_1 = \bar{\lambda}_1 3^{\frac{1-\bar{a}_1}{2}} 2^{\frac{1+\bar{a}_1}{2}}$ 和 $\varrho_2 = \bar{\lambda}_2 \cdot 2^{\frac{1+\bar{a}_2}{2}}$。

根据引理 5.2 可知，$\boldsymbol{e}_q$ 和 $\boldsymbol{e}_\omega$ 是固定时间收敛的，且收敛时间 T_s 满足

$$T_s \leqslant \frac{2}{\varrho_1(\bar{a}_1 - 1)} + \frac{2}{\varrho_2(1 - \bar{a}_2)} \tag{5-27}$$

注 5.3 通过构造一种新型的非奇异固定时间滑模面式（5-21），可以直接避免滑动变量微分引起的奇异性问题。它与现有大多数固定时间控制方案[24-26]有很大的不同，在这些固定时间控制方案中，滑模面通常被分为两到三个独立的部分来避免奇异性问题。此外，与文献[4]中的非奇异固定时间滑模面相比，式（5-21）的表达式对于设计固定时间控制器更简单、更容易。

5.3.2 辅助函数设计

将式（5-11）代入式（5-22）得到

$$\begin{aligned}\dot{\boldsymbol{s}} &= \frac{a_1}{a_2}\mathrm{diag}\left(\left|e_{q_i}\right|^{\frac{a_1}{a_2}-1}\right)\boldsymbol{e}_\omega + \boldsymbol{g}\Big(\boldsymbol{J}_0^{-1}\boldsymbol{H}\boldsymbol{u} - \boldsymbol{J}_0^{-1}\boldsymbol{\omega}^\times \boldsymbol{J}_0\boldsymbol{\omega} + \boldsymbol{D} - \boldsymbol{J}_0^{-1}\boldsymbol{\omega}^\times \Delta\boldsymbol{J}\boldsymbol{\omega} \\ &\quad - \boldsymbol{J}_0^{-1}\Delta\boldsymbol{J}\dot{\boldsymbol{\omega}} - \dot{\boldsymbol{\omega}}_r + \frac{\lambda_2 a_1}{a_2}\mathrm{diag}\left(\left|e_{q_i}\right|^{\frac{a_1}{a_2}-1}\right)\boldsymbol{e}_\omega\Big) \\ &= \boldsymbol{g}(\boldsymbol{F}_0 + \boldsymbol{D} + \boldsymbol{J}_0^{-1}\boldsymbol{H}\boldsymbol{u}) + \frac{a_1}{a_2}\mathrm{diag}\left(\left|e_{q_i}\right|^{\frac{a_1}{a_2}-1}\right)\boldsymbol{e}_\omega\end{aligned} \tag{5-28}$$

其中，$\boldsymbol{g} = \lambda_1 \mathrm{diag}(|\sigma_i|)^{1-a_2}$，$i = 1,2,3$。

$$\boldsymbol{\sigma} = \boldsymbol{e}_\omega + \lambda_2 \mathbf{sig}^{\frac{a_1}{a_2}}\boldsymbol{e}_q \tag{5-29}$$

和

$$\boldsymbol{F}_0 = -\boldsymbol{J}_0^{-1}\boldsymbol{\omega}^\times \boldsymbol{J}_0\boldsymbol{\omega} - \boldsymbol{J}_0^{-1}\boldsymbol{\omega}^\times \Delta\boldsymbol{J}\boldsymbol{\omega} - \boldsymbol{J}_0^{-1}\Delta\boldsymbol{J}\dot{\boldsymbol{\omega}} - \dot{\boldsymbol{\omega}}_r + \frac{\lambda_2 a_1}{a_2}\mathrm{diag}\left(\left|e_{q_i}\right|^{\frac{a_1}{a_2}}\right)\boldsymbol{e}_\omega \tag{5-30}$$

根据式（5-28）给出一种理想控制器如下：

$$\boldsymbol{u}_0 = -\boldsymbol{H}^{-1}\boldsymbol{J}_0\left(\boldsymbol{F}_0 + \boldsymbol{g}^{-1}\frac{a_1}{a_2}\mathrm{diag}\left(\left|e_{q_i}\right|^{\frac{a_1}{a_2}-1}\right)\boldsymbol{e}_\omega + \boldsymbol{D} + k_0\mathrm{sgn}(\boldsymbol{s})\right) \tag{5-31}$$

其中，k_0 是一个正的控制增益。

由式（5-31）可以看出，理想控制器 $\boldsymbol{u}_0$ 在实际系统中很难应用，因为关于系统的不确定性和扰动的先验知识是已知的，而这在实际系统中并不能完全保证。此外，在式（5-31）中 $\boldsymbol{g}^{-1}$ 的存在可能导致 $g_i=0$ 时，控制器出现奇异性的问题。为避免这个奇异性问题，本章设计一个辅助函数 ϕ 来构造滑动变量 $\boldsymbol{s}$，使 $\boldsymbol{g}^{-1}$ 项不包含在实际控制器设计中。

为此，将式（5-28）改写为

$$\begin{aligned}
\dot{\boldsymbol{s}} &= \boldsymbol{g}\left(\boldsymbol{F}_0+\boldsymbol{D}+\boldsymbol{J}_0^{-1}\boldsymbol{H}\boldsymbol{u}\right)+\frac{a_1}{a_2}\operatorname{diag}\left(\left|e_{q_i}\right|^{\frac{a_1}{a_2}-1}\right)\boldsymbol{e}_\omega+\frac{\lambda_2 a_1}{a_2}\operatorname{diag}\left(\left|e_{q_i}\right|^{\frac{a_1}{a_2}-1}\right)\boldsymbol{s} \\
&\quad -\frac{\lambda_2 a_1}{a_2}\operatorname{diag}\left(\left|e_{q_i}\right|^{\frac{a_1}{a_2}-1}\right)\boldsymbol{s} \\
&= \boldsymbol{g}\left(\boldsymbol{J}_0^{-1}\boldsymbol{H}\boldsymbol{u}+\boldsymbol{D}-\boldsymbol{J}_0^{-1}\boldsymbol{\omega}^{\times}\boldsymbol{J}_0\boldsymbol{\omega}-\boldsymbol{J}_0^{-1}\boldsymbol{\omega}^{\times}\Delta\boldsymbol{J}\boldsymbol{\omega}-\boldsymbol{J}_0^{-1}\Delta\boldsymbol{J}\dot{\boldsymbol{\omega}}-\dot{\boldsymbol{\omega}}_r\right)+\boldsymbol{g}\frac{\lambda_2 a_1}{a_2}\operatorname{diag}\left(\left|e_{q_i}\right|^{\frac{a_1}{a_2}-1}\right)\boldsymbol{e}_\omega \\
&\quad +\frac{a_1}{a_2}\operatorname{diag}\left(\left|e_{q_i}\right|^{\frac{a_1}{a_2}-1}\right)\left(\boldsymbol{e}_\omega+\lambda_2\boldsymbol{s}\right)-\frac{\lambda_2 a_1}{a_2}\operatorname{diag}\left(\left|e_{q_i}\right|^{\frac{a_1}{a_2}-1}\right)\boldsymbol{s}
\end{aligned} \tag{5-32}$$

根据 $\boldsymbol{s}$ 和 $\boldsymbol{\sigma}$ 的定义，可以得到

$$\begin{aligned}
&\boldsymbol{g}\frac{\lambda_2 a_1}{a_2}\operatorname{diag}\left(\left|e_{q_i}\right|^{\frac{a_1}{a_2}-1}\right)\boldsymbol{e}_\omega+\frac{a_1}{a_2}\operatorname{diag}\left(\left|e_{q_i}\right|^{\frac{a_1}{a_2}-1}\right)\left(\boldsymbol{e}_\omega+\lambda_2\boldsymbol{s}\right) \\
&= \boldsymbol{g}\frac{\lambda_2 a_1}{a_2}\operatorname{diag}\left(\left|e_{q_i}\right|^{\frac{a_1}{a_2}-1}\right)\boldsymbol{e}_\omega+\frac{a_1}{a_2}\operatorname{diag}\left(\left|e_{q_i}\right|^{\frac{a_1}{a_2}-1}\right)\left(\boldsymbol{e}_\omega+\lambda_2\left(\mathbf{sig}^{\frac{a_1}{a_2}}\left(\boldsymbol{e}_q\right)+\frac{\lambda_1}{2-a_2}\mathbf{sig}^{2-a_2}\left(\boldsymbol{\sigma}\right)\right)\right) \\
&= \boldsymbol{g}\frac{\lambda_2 a_1}{a_2}\operatorname{diag}\left(\left|e_{q_i}\right|^{\frac{a_1}{a_2}-1}\right)\boldsymbol{e}_\omega+\frac{a_1}{a_2}\operatorname{diag}\left(\left|e_{q_i}\right|^{\frac{a_1}{a_2}-1}\right)\left(\boldsymbol{e}_\omega+\lambda_2\mathbf{sig}^{\frac{a_1}{a_2}}\left(\boldsymbol{e}_q\right)+\lambda_2\frac{\lambda_1}{2-a_2}\mathbf{sig}^{2-a_2}\left(\boldsymbol{\sigma}\right)\right) \\
&= \boldsymbol{g}\frac{\lambda_2 a_1}{a_2}\operatorname{diag}\left(\left|e_{q_i}\right|^{\frac{a_1}{a_2}-1}\right)\boldsymbol{e}_\omega+\frac{a_1}{a_2}\operatorname{diag}\left(\left|e_{q_i}\right|^{\frac{a_1}{a_2}-1}\right)\left(\boldsymbol{\sigma}+\lambda_2\frac{\lambda_1}{2-a_2}\mathbf{sig}^{2-a_2}\left(\boldsymbol{\sigma}\right)\right)
\end{aligned} \tag{5-33}$$

根据函数 $\mathbf{sig}^r\left(\boldsymbol{x}\right)$ 的性质，可将式（5-33）继续改写为

$$\boldsymbol{g}\frac{\lambda_2 a_1}{a_2}\operatorname{diag}\left(\left|e_{q_i}\right|^{\frac{a_1}{a_2}-1}\right)\boldsymbol{e}_\omega+\frac{a_1}{a_2}\operatorname{diag}\left(\left|e_{q_i}\right|^{\frac{a_1}{a_2}-1}\right)\left(\boldsymbol{e}_\omega+\lambda_2\boldsymbol{s}\right)$$

$$
\begin{aligned}
&= \boldsymbol{g}\frac{\lambda_2 a_1}{a_2}\operatorname{diag}\left(\left|e_{q_i}\right|^{\frac{a_1}{a_2}-1}\right)\boldsymbol{e}_\omega + \frac{a_1}{a_2}\operatorname{diag}\left(\left|e_{q_i}\right|^{\frac{a_1}{a_2}-1}\right)\left(\lambda_1\operatorname{diag}(|\sigma_i|)^{1-a_2}\left(\frac{1}{\lambda_1}\mathbf{sig}^{a_2}(\boldsymbol{\sigma}) + \frac{\lambda_2}{2-a_2}\boldsymbol{\sigma}\right)\right)\\
&= \boldsymbol{g}\frac{\lambda_2 a_1}{a_2}\operatorname{diag}\left(\left|e_{q_i}\right|^{\frac{a_1}{a_2}-1}\right)\boldsymbol{e}_\omega + \frac{a_1}{a_2}\operatorname{diag}\left(\left|e_{q_i}\right|^{\frac{a_1}{a_2}-1}\right)\left(\boldsymbol{g}\left(\frac{1}{\lambda_1}\mathbf{sig}^{a_2}(\boldsymbol{\sigma}) + \frac{\lambda_2}{2-a_2}\boldsymbol{\sigma}\right)\right)
\end{aligned}
\tag{5-34}
$$

定义一个新颖的辅助函数为

$$
\boldsymbol{\phi} = \frac{1}{\lambda_1}\mathbf{sig}^{a_2}\boldsymbol{\sigma} + \frac{\lambda_2}{2-a_2}\boldsymbol{\sigma} \tag{5-35}
$$

然后，将式（5-33）改写为

$$
\begin{aligned}
&\boldsymbol{g}\frac{\lambda_2 a_1}{a_2}\operatorname{diag}\left(\left|e_{q_i}\right|^{\frac{a_1}{a_2}-1}\right)\boldsymbol{e}_\omega + \frac{a_1}{a_2}\operatorname{diag}\left(\left|e_{q_i}\right|^{\frac{a_1}{a_2}-1}\right)\left(\boldsymbol{e}_\omega + \lambda_2\boldsymbol{s}\right)\\
&= \boldsymbol{g}\frac{a_1}{a_2}\operatorname{diag}\left(\left|e_{q_i}\right|^{\frac{a_1}{a_2}-1}\right)\cdot\lambda_2\boldsymbol{e}_\omega + \boldsymbol{g}\frac{a_1}{a_2}\operatorname{diag}\left(\left|e_{q_i}\right|^{\frac{a_1}{a_2}-1}\right)\cdot\boldsymbol{\phi}\\
&= \boldsymbol{g}\frac{a_1}{a_2}\operatorname{diag}\left(\left|e_{q_i}\right|^{\frac{a_1}{a_2}-1}\right)\left(\lambda_2\boldsymbol{e}_\omega + \boldsymbol{\phi}\right)
\end{aligned}
\tag{5-36}
$$

将式（5-36）代入式（5-32）中，有

$$
\begin{aligned}
\dot{\boldsymbol{s}} &= \boldsymbol{g}\cdot\Big(\boldsymbol{J}_0^{-1}\boldsymbol{Hu} + \boldsymbol{D} - \boldsymbol{J}_0^{-1}\boldsymbol{\omega}^\times\boldsymbol{J}_0\boldsymbol{\omega} - \boldsymbol{J}_0^{-1}\boldsymbol{\omega}^\times\Delta\boldsymbol{J}\boldsymbol{\omega} - \boldsymbol{J}_0^{-1}\Delta\boldsymbol{J}\dot{\boldsymbol{\omega}} - \dot{\boldsymbol{\omega}}_r\\
&\quad + \frac{a_1}{a_2}\operatorname{diag}\left(\left|e_{q_i}\right|^{\frac{a_1}{a_2}-1}\right)\left(\boldsymbol{\phi} + \lambda_2\boldsymbol{e}_\omega\right)\Big) - \frac{\lambda_2 a_1}{a_2}\operatorname{diag}\left(\left|e_{q_i}\right|^{\frac{a_1}{a_2}-1}\right)\boldsymbol{s}\\
&= \boldsymbol{g}\left(\boldsymbol{J}_0^{-1}\boldsymbol{Hu} + \boldsymbol{D} + \boldsymbol{F}\right) - \frac{\lambda_2 a_1}{a_2}\operatorname{diag}\left(\left|e_{q_i}\right|^{\frac{a_1}{a_2}-1}\right)\boldsymbol{s}
\end{aligned}
\tag{5-37}
$$

其中，$\boldsymbol{F} = [F_1, F_2, F_3]^{\mathrm{T}} \in \mathbb{R}^{3\times1}$ 表示非线性不确定性，即

$$
\boldsymbol{F} = -\boldsymbol{J}_0^{-1}\boldsymbol{\omega}^\times\boldsymbol{J}_0\boldsymbol{\omega} - \boldsymbol{J}_0^{-1}\boldsymbol{\omega}^\times\Delta\boldsymbol{J}\boldsymbol{\omega} - \boldsymbol{J}_0^{-1}\Delta\boldsymbol{J}\dot{\boldsymbol{\omega}} - \dot{\boldsymbol{\omega}}_r + \frac{a_1}{a_2}\operatorname{diag}\left(\left|e_{q_i}\right|^{\frac{a_1}{a_2}-1}\right)\left(\boldsymbol{\phi} + \lambda_2\boldsymbol{e}_\omega\right) \tag{5-38}
$$

5.3.3 控制器和自适应更新律设计

根据引理 5.1，未知非线性函数 $F(\boldsymbol{x})$ 可以近似为

$$F_i\left(x_i\right)=\boldsymbol{\theta}_i^{\mathrm{T}}\boldsymbol{\xi}\left(\boldsymbol{x}_i\right)+\varepsilon_i \tag{5-39}$$

其中，$i=1,2,3$，$\boldsymbol{x}_i=\left[e_{q_i},e_{\omega_i},\omega_i,\dot{\omega}_i,\dot{\omega}_{r_i}\right]^{\mathrm{T}}\in\mathbb{R}^{5\times1}$，$\boldsymbol{\theta}_i\in\mathbb{R}^{5\times1}$表示第$i$个 FLS 的权向量，$\boldsymbol{\xi}\left(x_i\right)\in\mathbb{R}^{5\times1}$，$\boldsymbol{\xi}\left(x_i\right)=\left[\xi_1,\xi_2,\xi_3\right]^{\mathrm{T}}$，$\varepsilon_i$代表了近似误差满足$\left|\varepsilon_i\right|\leqslant\varepsilon^*$，$\varepsilon^*$是一个未知的正常数。

为了保证系统的瞬态和稳态性能，采用式（4-34）和式（4-35）的增强型双幂次趋近律，同时为了减少计算量，将式（4-35）改写成反余切函数，以此可动态调节控制增益，提高系统状态的收敛速度，同时减小抖振，即

$$\dot{\boldsymbol{s}}=-\frac{1}{N\left(\boldsymbol{s}\right)}\left[k_1\cdot\mathbf{sig}^{r_1}(\boldsymbol{s})+k_2\cdot\mathbf{sig}^{r_2}(\boldsymbol{s})\right] \tag{5-40}$$

$$N(\boldsymbol{s})=\chi\operatorname{arccot}\vartheta\|\boldsymbol{s}\|^{p} \tag{5-41}$$

其中，$\chi>\dfrac{2}{\pi}$，$k_1>0$，$k_2>0$，$r_1>1$，$0<r_2<1$，$0<p\leqslant1$和$\vartheta>0$。

然后，基于增强型双幂次趋近律式（5-40），设计非奇异固定时间模糊自适应控制器如下：

$$\boldsymbol{u}=\left(\boldsymbol{J}_0^{-1}\right)^{\mathrm{T}}\left(-\boldsymbol{g}^{\mathrm{T}}\boldsymbol{s}\|\boldsymbol{g}\|^2-\frac{\boldsymbol{g}^{\mathrm{T}}\boldsymbol{s}\boldsymbol{s}^{\mathrm{T}}\boldsymbol{g}^{\mathrm{T}}\boldsymbol{\Phi}\boldsymbol{g}\boldsymbol{s}\hat{\varpi}}{2b^2\|\boldsymbol{s}\|^2}-\frac{\boldsymbol{g}^{\mathrm{T}}\boldsymbol{s}\boldsymbol{s}^{\mathrm{T}}}{N\left(\boldsymbol{s}\right)\|\boldsymbol{s}\|^2}\left(k_1\mathbf{sig}^{r_1}(\boldsymbol{s})+k_2\mathbf{sig}^{r_2}(\boldsymbol{s})\right)\right) \tag{5-42}$$

其中，$\boldsymbol{\Phi}=\operatorname{diag}\left\{\|\xi_1\|^2,\|\xi_2\|^2,\|\xi_3\|^2\right\}$，$\varpi=\max\left\{\boldsymbol{\theta}_1^{\mathrm{T}}\boldsymbol{\theta}_1,\boldsymbol{\theta}_2^{\mathrm{T}}\boldsymbol{\theta}_2,\boldsymbol{\theta}_3^{\mathrm{T}}\boldsymbol{\theta}_3\right\}$，$\hat{\varpi}$是$\varpi$的估计值。

自适应更新律给定为

$$\dot{\hat{\varpi}}=\frac{m}{2b^2}\sum_{i=1}^{3}s_i^2g_i^2\boldsymbol{\theta}_i^{\mathrm{T}}\boldsymbol{\theta}_i-n\hat{\varpi} \tag{5-43}$$

其中，b、m和n是正常数。

注 5.4　由式（5-42）可知，分子阶大于或等于分母阶，使得$\boldsymbol{s}$趋近于零时不会出现奇异性问题，这表示$1/\|\boldsymbol{s}\|^2$不会导致抖振问题。

5.4　稳定性分析

在本节中，给出以下定理证明本章所提控制策略的主要结果。

定理 5.1 考虑存在执行器饱和与故障式（5-5）的四旋翼飞行器姿态跟踪误差系统式（5-4），设计控制器式（5-42）和自适应更新律式（5-43），实现

①系统的所有信号是一致最终有界的；

②滑动变量 $\boldsymbol{s}$ 在固定时间内收敛到滑模面 $\boldsymbol{s}=0$ 附近的一个小区域内；

③跟踪误差 $\boldsymbol{e}_q$ 和 $\boldsymbol{e}_\omega$ 分别在固定时间内收敛到原点附近的一个小区域内。

证明 第一步：构造李雅普诺夫函数 V_2 为

$$V_2=\frac{1}{2\lambda_m}\boldsymbol{s}^{\mathrm{T}}\boldsymbol{s}+\frac{1}{2m}\tilde{\varpi}^2 \tag{5-44}$$

其中，$\tilde{\varpi}=\varpi-\hat{\varpi}$，$\lambda_m$ 是正常数满足 $0<\lambda_m\leqslant\lambda_{\min}\{\boldsymbol{A}\}$，$\boldsymbol{A}=\boldsymbol{g}\boldsymbol{J}_0^{-1}\boldsymbol{H}\left(\boldsymbol{J}_0^{-1}\right)^{\mathrm{T}}\boldsymbol{g}^{\mathrm{T}}$，$\lambda_{\min}\{\cdot\}$ 是矩阵 $\boldsymbol{A}$ 的最小特征值。

由式（5-37），对式（5-44）求导得到

$$\begin{aligned}\dot{V}_2&=\frac{1}{\lambda_m}\boldsymbol{s}^{\mathrm{T}}\dot{\boldsymbol{s}}-\frac{1}{m}\tilde{\varpi}\dot{\hat{\varpi}}\\&=\frac{1}{\lambda_m}\boldsymbol{s}^{\mathrm{T}}\left[\boldsymbol{g}\left(\boldsymbol{J}_0^{-1}\boldsymbol{H}\boldsymbol{u}+\boldsymbol{D}+\boldsymbol{F}\right)-\frac{\lambda_2 a_1}{a_2}\operatorname{diag}\left(\left|e_{q_i}\right|^{\frac{a_1}{a_2}-1}\right)\boldsymbol{s}\right]-\frac{1}{m}\tilde{\varpi}\dot{\hat{\varpi}}\end{aligned} \tag{5-45}$$

将式（5-42）代入式（5-45）可得

$$\begin{aligned}\dot{V}_2=&\frac{1}{\lambda_m}\boldsymbol{s}^{\mathrm{T}}\boldsymbol{A}\boldsymbol{s}\left[-\|\boldsymbol{g}\|^2-\frac{\boldsymbol{s}^{\mathrm{T}}\boldsymbol{g}^{\mathrm{T}}\boldsymbol{\Phi}\boldsymbol{g}\boldsymbol{s}\hat{\varpi}}{2b^2\|\boldsymbol{s}\|^2}-\frac{\boldsymbol{s}^{\mathrm{T}}}{N(\boldsymbol{s})\|\boldsymbol{s}\|^2}\cdot\left(k_1\mathbf{sig}^{r_1}(\boldsymbol{s})+k_2\mathbf{sig}^{r_2}(\boldsymbol{s})\right)\right]\\&+\frac{1}{\lambda_m}\boldsymbol{s}^{\mathrm{T}}\boldsymbol{g}(\boldsymbol{D}+\boldsymbol{F})-\frac{\lambda_2 a_1}{\lambda_m a_2}\operatorname{diag}\left(\left|e_{q_i}\right|^{\frac{a_1}{a_2}-1}\right)\|\boldsymbol{s}\|^2-\frac{1}{m}\tilde{\varpi}\dot{\hat{\varpi}}\end{aligned} \tag{5-46}$$

由于 $\boldsymbol{A}$ 是一个对称的正定矩阵，因此下列不等式成立：

$$\boldsymbol{s}^{\mathrm{T}}\boldsymbol{A}\boldsymbol{s}\geqslant\lambda_{\min}\{\boldsymbol{A}\}\|\boldsymbol{s}\|^2\geqslant\lambda_m\|\boldsymbol{s}\|^2 \tag{5-47}$$

将式（5-47）代入式（5-46）得到

$$\begin{aligned}\dot{V}_2\leqslant&-\sum_{i=1}^{3}s_i^2 g_i^2-\frac{\hat{\varpi}}{2b^2}\sum_{i=1}^{3}s_i^2 g_i^2\boldsymbol{\theta}_i^{\mathrm{T}}\boldsymbol{\theta}_i-\frac{\boldsymbol{s}^{\mathrm{T}}}{N(\boldsymbol{s})}\left(k_1\mathbf{sig}^{r_1}(\boldsymbol{s})+k_2\mathbf{sig}^{r_2}(\boldsymbol{s})\right)+\boldsymbol{s}^{\mathrm{T}}\boldsymbol{g}\overline{\boldsymbol{D}}\\&+\boldsymbol{s}^{\mathrm{T}}\boldsymbol{g}\overline{\boldsymbol{F}}-\frac{\lambda_2 a_1}{\lambda_m a_2}\sum_{i=1}^{3}\left|e_{q_i}\right|^{\frac{a_1}{a_2}-1}s_i^2-\frac{1}{m}\tilde{\varpi}\dot{\hat{\varpi}}\end{aligned} \tag{5-48}$$

其中，$\overline{\boldsymbol{D}}=\dfrac{\boldsymbol{D}}{\lambda_m}$ 和 $\overline{\boldsymbol{F}}=\dfrac{\boldsymbol{F}}{\lambda_m}$。

根据杨氏不等式和式（5-39），可得

$$\boldsymbol{s}^{\mathrm{T}}\boldsymbol{g}\overline{\boldsymbol{D}}\leqslant\frac{1}{2}\sum_{i=1}^{3}s_i^2g_i^2+\frac{d_m^2}{2} \tag{5-49}$$

和

$$\boldsymbol{s}^{\mathrm{T}}\boldsymbol{g}\overline{\boldsymbol{F}}\leqslant\sum_{i=1}^{3}s_ig_i\boldsymbol{\xi}_i^{\mathrm{T}}\boldsymbol{\theta}_i+\sum_{i=1}^{3}s_ig_i\varepsilon_i\leqslant\frac{\varpi}{2b^2}\sum_{i=1}^{3}s_i^2g_i^2\boldsymbol{\theta}_i^{\mathrm{T}}\boldsymbol{\theta}_i+\frac{3b^2}{2}+\frac{1}{2}\sum_{i=1}^{3}s_i^2g_i^2+\frac{3\varepsilon^*}{2} \tag{5-50}$$

将式（5-43）、式（5-49）和式（5-50）代入式（5-48），可得

$$\begin{aligned}\dot{V}_2&\leqslant-\frac{\lambda_2a_1}{\lambda_ma_2}\sum_{i=1}^{3}\left|e_{q_i}\right|^{\frac{a_1}{a_2}-1}s_i^2-\frac{k_1}{N(\boldsymbol{s})}\sum_{i=1}^{3}\left|s_i\right|^{r_1+1}-\frac{k_2}{N(\boldsymbol{s})}\sum_{i=1}^{3}\left|s_i\right|^{r_2+1}\\&\quad+\frac{n\tilde{\varpi}\hat{\varpi}}{m}+\frac{d_m^2}{2}+\frac{3b^2}{2}+\frac{3\varepsilon^*}{2}\\&\leqslant-\frac{\lambda_2a_1}{\lambda_ma_2}\sum_{i=1}^{3}\left|e_{q_i}\right|^{\frac{a_1}{a_2}-1}s_i^2+\frac{n\tilde{\varpi}\hat{\varpi}}{m}+\frac{d_m^2}{2}+\frac{3b^2}{2}+\frac{3\varepsilon^*}{2}\end{aligned} \tag{5-51}$$

根据杨氏不等式，对于任意的正标量 $\delta_0>\dfrac{1}{2}$ 都存在以下关系：

$$\frac{n\tilde{\varpi}\hat{\varpi}}{m}\leqslant\frac{-n\left(2\delta_0-1\right)}{2m\delta_0}\tilde{\varpi}^2+\frac{n\delta_0}{2m}\varpi^2 \tag{5-52}$$

将式（5-52）代入式（5-51），可得

$$\begin{aligned}\dot{V}_2&\leqslant-\frac{\lambda_2a_1}{\lambda_ma_2}\sum_{i=1}^{3}\left|e_{q_i}\right|^{\frac{a_1}{a_2}-1}s_i^2+\frac{n\tilde{\varpi}\hat{\varpi}}{m}+\frac{d_m^2}{2}+\frac{3b^2}{2}+\frac{3\varepsilon^*}{2}\\&\leqslant-\frac{\lambda_2a_1}{\lambda_ma_2}\sum_{i=1}^{3}\left|e_{q_i}\right|^{\frac{a_1}{a_2}-1}s_i^2-\frac{n\left(2\delta_0-1\right)}{2m\delta_0}\tilde{\varpi}^2+\frac{n\delta_0}{2m}\varpi^2+\frac{d_m^2}{2}+\frac{3b^2}{2}+\frac{3\varepsilon^*}{2}\\&\leqslant-\mu V_2+\phi_1\end{aligned} \tag{5-53}$$

其中，$\mu=\min\left\{\dfrac{\lambda_2a_1}{\lambda_ma_2}\sum_{i=1}^{3}\left|e_{q_i}\right|^{\frac{a_1}{a_2}-1},\dfrac{n\left(2\delta_0-1\right)}{\delta_0}\right\}$ 和 $\phi_1=\dfrac{n\delta_0}{2m}\varpi^2+\dfrac{d_m^2}{2}+\dfrac{3b^2}{2}+\dfrac{3\varepsilon^*}{2}$。

根据式（5-44）～式（5-53），可以得出 $\boldsymbol{s}$、$\tilde{\varpi}$ 和 ϖ 是一致最终有界的。

由式（5-23）和式（5-28）可知，$\boldsymbol{e}_q$、$\boldsymbol{e}_\omega$ 和 $\boldsymbol{g}$ 的一致最终有界性可以被保

证。基于 $\varpi=\max\left\{\boldsymbol{\theta}_1^{\mathrm{T}}\boldsymbol{\theta}_1,\boldsymbol{\theta}_2^{\mathrm{T}}\boldsymbol{\theta}_2,\boldsymbol{\theta}_3^{\mathrm{T}}\boldsymbol{\theta}_3\right\}$ 的事实存在，$\boldsymbol{\theta}_i^{\mathrm{T}}\boldsymbol{\theta}_i$ 是有界的，因此存在一个正常数 υ 满足

$$\left|\frac{\tilde{\varpi}}{2b^2}\sum_{i=1}^{3}s_i^2g_i^2\boldsymbol{\theta}_i^{\mathrm{T}}\boldsymbol{\theta}_i\right|\leqslant\upsilon \tag{5-54}$$

第二步：构造以下李雅普诺夫函数 V_3 为

$$V_3=\frac{1}{2\lambda_m}\boldsymbol{s}^{\mathrm{T}}\boldsymbol{s} \tag{5-55}$$

由式（5-37）得到 V_3 关于时间的一阶导数为

$$\begin{aligned}\dot{V}_3&=\frac{1}{\lambda_m}\boldsymbol{s}^{\mathrm{T}}\left[\boldsymbol{g}\left(\boldsymbol{J}_0^{-1}\boldsymbol{H}\boldsymbol{u}+\boldsymbol{D}+\boldsymbol{F}\right)-\frac{\lambda_2a_1}{a_2}\mathrm{diag}\left(\left|e_{q_i}\right|^{\frac{a_1}{a_2}-1}\right)\boldsymbol{s}\right]\\&\leqslant-\sum_{i=1}^{3}s_i^2g_i^2-\frac{\hat{\varpi}}{2b^2}\sum_{i=1}^{3}s_i^2g_i^2\boldsymbol{\theta}_i^{\mathrm{T}}\boldsymbol{\theta}_i-\frac{k_1}{N(\boldsymbol{s})}\sum_{i=1}^{3}\left|s_i\right|^{r_1+1}-\frac{k_2}{N(\boldsymbol{s})}\sum_{i=1}^{3}\left|s_i\right|^{r_2+1}\\&\quad+\boldsymbol{s}^{\mathrm{T}}\boldsymbol{g}\bar{\boldsymbol{D}}+\boldsymbol{s}^{\mathrm{T}}\boldsymbol{g}\bar{\boldsymbol{F}}\end{aligned} \tag{5-56}$$

其中，$\bar{\boldsymbol{D}}=\dfrac{\boldsymbol{D}}{\lambda_m}$ 和 $\bar{\boldsymbol{F}}=\dfrac{\boldsymbol{F}}{\lambda_m}$。

将式（5-49）和式（5-50）代入式（5-56），得到

$$\begin{aligned}\dot{V}_3&\leqslant-\frac{k_1}{N(\boldsymbol{s})}\sum_{i=1}^{3}\left|s_i\right|^{r_1+1}-\frac{k_2}{N(\boldsymbol{s})}\sum_{i=1}^{3}\left|s_i\right|^{r_2+1}+\frac{\tilde{\varpi}}{2b^2}\sum_{i=1}^{3}s_i^2g_i^2\boldsymbol{\theta}_i^{\mathrm{T}}\boldsymbol{\theta}_i+\frac{d_m^2}{2}+\frac{3b^2}{2}+\frac{3\iota^*}{2}\\&\leqslant-\rho_1V_2^{\frac{r_1+1}{2}}-\rho_2V_2^{\frac{r_2+1}{2}}+\phi_2\end{aligned} \tag{5-57}$$

其中，$\rho_1=\min\left\{1,\dfrac{3^{\frac{1-r_1}{2}}k_1}{\pi\chi}\cdot\left(2\lambda_m\right)^{\frac{r_1+1}{2}}\right\}$，$\rho_2=\min\left\{1,\dfrac{k_2}{\pi\chi}\cdot\left(2\lambda_m\right)^{\frac{r_2+1}{2}}\right\}$ 和 $\phi_2=\upsilon+\dfrac{d_m^2}{2}+\dfrac{3b^2}{2}+\dfrac{3\iota^*}{2}$。

根据引理 5.2 和式（5-57），滑动变量 $\boldsymbol{s}$ 可以收敛到如下小区域内：

$$\Delta s=\min\left\{\left(\frac{\phi_2}{\rho_1\left(1-\kappa\right)}\right)^{\frac{2}{r_1+1}},\left(\frac{\phi_2}{\rho_2\left(1-\kappa\right)}\right)^{\frac{2}{r_2+1}}\right\} \tag{5-58}$$

其固定收敛时间 T_r 满足

$$T_r \leqslant \frac{1}{\rho_1\kappa(r_1-1)}+\frac{1}{\rho_2\kappa(1-r_2)} \tag{5-59}$$

其中，$0<\kappa<1$。

第三步：综上所述，同时由式（5-21）可以得出结论：

$$|s_i|=\left|\operatorname{sig}^{\frac{a_1}{a_2}}(e_{q_i})+\frac{\lambda_1}{2-a_2}\operatorname{sig}^{2-a_2}\left(e_{\omega_i}+\lambda_2\operatorname{sig}^{\frac{a_1}{a_2}}e_{q_i}\right)\right|=\eta_i,\quad |\eta_i|\leqslant\Delta s \tag{5-60}$$

其中，e_{ω_i} 和 η_i 分别是 e_ω 和 η 的第 $i=1,2,3$ 个分量。

值得注意的是，当 $\operatorname{sig}^{\frac{a_1}{a_2}}(e_{q_i})$ 和 $\frac{\lambda_1}{2-a_2}\operatorname{sig}^{2-a_2}\left(e_{\omega_i}+\lambda_2\operatorname{sig}^{\frac{a_1}{a_2}}e_{q_i}\right)$ 都是为正或负时，η_i 可以达到其最大值。因此，在不丧失一般性的情况下，下面只分析这两项都为正的情况。

根据引理 3.3 可知，以下不等式成立：

$$\frac{\left|e_{\omega_i}+\lambda_2\operatorname{sig}^{\frac{a_1}{a_2}}(e_{q_i})\right|^{2-a_2}}{2-a_2}\geqslant\left|e_{\omega_i}+\lambda_2\operatorname{sig}^{\frac{a_1}{a_2}}(e_{q_i})\right|+\frac{a_2-1}{2-a_2} \tag{5-61}$$

在不等式（5-61）的两边同时乘以 λ_1，再加上 $\operatorname{sig}^{\frac{a_1}{a_2}}e_{q_i}$，可以得到

$$\begin{aligned}&\operatorname{sig}^{\frac{a_1}{a_2}}(e_{q_i})+\frac{\lambda_1\left(e_{\omega_i}+\lambda_2\operatorname{sig}^{\frac{a_1}{a_2}}(e_{q_i})\right)^{2-a_2}}{2-a_2}\\&\geqslant\operatorname{sig}^{\frac{a_1}{a_2}}(e_{q_i})+\lambda_1\left(e_{\omega_i}+\lambda_2\operatorname{sig}^{\frac{a_1}{a_2}}(e_{q_i})\right)+\frac{\lambda_1(a_2-1)}{2-a_2}\end{aligned} \tag{5-62}$$

将式（5-61）代入式（5-60）得到

$$\operatorname{sig}^{\frac{a_1}{a_2}}(e_{q_i})+\lambda_1 e_{\omega_i}+\lambda_1\lambda_2\operatorname{sig}^{\frac{a_1}{a_2}}(e_{q_i})\leqslant\Delta\overline{s} \tag{5-63}$$

其中，$\Delta\overline{s}=\Delta s+\frac{\lambda_1(1-a_2)}{2-a_2}$。

由式（5-63）和引理 5.3 可得，跟踪误差 e_{q_i} 和 e_{ω_i} 的收敛域分别为

$$\left|e_{q_i}\right| \leqslant \left(\frac{\Delta\bar{s}}{1+\lambda_1\lambda_2}\right)^{\frac{a_2}{a_1}} \tag{5-64}$$

和

$$\left|e_{\omega_i}\right| \leqslant \frac{2\Delta\bar{s}}{\lambda_1} \tag{5-65}$$

根据式（5-27）和式（5-59）可得，闭环系统总收敛时间 T 是有界的，且满足

$$\begin{aligned} T &= T_r + T_s \\ &\leqslant \frac{1}{\rho_1\kappa(r_1-1)} + \frac{1}{\rho_2\kappa(1-r_2)} + \frac{2}{\varrho_1(\bar{a}_1-1)} + \frac{2}{\varrho_2(1-\bar{a}_2)} \end{aligned} \tag{5-66}$$

因此，滑动变量 $\boldsymbol{s}$ 和跟踪误差 $\boldsymbol{e}_q$、$\boldsymbol{e}_\omega$ 可以在固定时间内收敛到原点附近的小区域内。

注 5.5 对于 $g_i = 0, i=1,2,3$，可以得到 λ_m=0 和 $u_i = 0$。由式（5-40）可以得到 $\dot{\boldsymbol{s}} = -\frac{\lambda_2 a_1}{a_2}\operatorname{diag}\left(\left|e_{q_i}\right|^{\frac{a_1}{a_2}-1}\right)\boldsymbol{s}$。

然后，构造李雅普诺夫函数为 $V_4 = \frac{1}{2}\boldsymbol{s}^{\mathrm{T}}\boldsymbol{s}$，对其进行求导，即

$$\dot{V}_4 = -\frac{\lambda_2 a_1}{a_2}\sum_{i=1}^{3}\left|e_{q_i}\right|^{\frac{a_1}{a_2}-1}\cdot\left|s_i\right|^2 \leqslant 0 \tag{5-67}$$

在这种情况下，随着时间趋于无穷，滑动变量 s_i 将收敛到滑模面 $s_i = 0$。这意味着存在一个有限时间 $\varepsilon_T > 0$，保证滑动变量 s_i 在有限时间 ε_T 内收敛到 $|s_i| \leqslant \Delta s$ 的区域内。

因此，总固定收敛时间的上界可表示为 $\bar{T} = T + \varepsilon_T$，而收敛时间 $\varepsilon_T > 0$ 可以通过选择适当的参数 λ_2、a_1 和 a_2 使其尽可能地小。

注 5.6 由式（5-59）可得，到达时间 T_r 的上界与 ρ_1 和 ρ_2 有关，这可以通过设置式（5-12）中矩阵 $\boldsymbol{H}$ 的饱和界 u_M（即 $g_\mu(u_i)$）来确定。当 u_M 的值变大时，λ_m 会变大，导致 ρ_1 和 ρ_2 的值也相应变大。在这种情况下，到达时间 T_r 的上界也相应缩短。相反，当选择较小的 u_M 时，大多数控制信号将超过饱和界 u_M，由于控制增益受执行器额定控制输入的限制，收敛时间 T_r 的上界将会变长。

注 5.7　由式（5-66）和式（5-67）可知，收敛时间的上界主要由a_1、a_2、λ_2、$\overline{a}_1$、$\overline{a}_2$、r_1和r_2等参数值决定。增大a_1和λ_2或减少a_2可以使收敛时间ε_T尽可能小。一般选取较大的参数a_1、λ_2、$\overline{a}_1$、r_1和较小的参数a_2、$\overline{a}_2$、r_2可以保证收敛时间获得一个相对较小的上界值。

注 5.8　所提出的控制方案不需要 FLS 估计误差的收敛时间，只需要 FLS 估计误差的有界性就可以证明滑动变量和跟踪误差的实际固定时间收敛性。如定理 5.1 所示，可以证明滑动变量和跟踪误差在固定时间内收敛到原点附近的小区域内，收敛时间的上界由 FLS 估计误差相关边界决定。因此，在 FLS 估计误差有界的情况下，可以保证实际固定时间稳定性，定理 5.1 第一部分也验证了其有效性。

5.5　仿真结果及分析

在本节中，将通过数值仿真验证所提控制策略的有效性。四旋翼飞行器姿态跟踪模型参数式（5-4）选定为

$$\boldsymbol{\omega}(0)=[0,0,0]^{\mathrm{T}}\ \mathrm{rad/s},\quad \phi(0)=0^\circ,\quad \theta(0)=0^\circ,\quad \psi(0)=0^\circ \tag{5-68}$$

标称惯性矩阵为

$$\boldsymbol{J}_0=\mathrm{diag}([0.1,0.1,0.1])\ \mathrm{kg/m^2} \tag{5-69}$$

不确定惯性矩阵为

$$\Delta\boldsymbol{J}=\mathrm{diag}([1,1,2])\ \mathrm{kg/m^2} \tag{5-70}$$

外部干扰为

$$\boldsymbol{d}=\begin{bmatrix}-0.6320\sin(0.5t+50)\\-0.9345\sin(0.8t+50)\\-0.5600\cos(t+50)\end{bmatrix}\mathrm{N\cdot m} \tag{5-71}$$

控制器式（5-42）和自适应更新律式（5-43）的相关参数选定为$a_1=\dfrac{7}{9}$，$a_2=\dfrac{5}{7}$，$\lambda_1=0.2$，$\lambda_2=0.45$，$k_1=1$，$k_2=1.5$，$k_3=2$，$r_1=1.9$，$r_2=0.1$，$\boldsymbol{E}=\mathrm{diag}(0.9,0.9,0.9)$，$\hat{\varpi}_1(0)=0.001$，$\hat{\varpi}_2(0)=0.001$和$\hat{\varpi}_3(0)=0.001$。

为了清楚地了解参考姿态轨迹的直观物理意义，参考轨迹的姿态四元数$[q_0^r,q_{v1}^r,q_{v2}^r,q_{v3}^r]$可以由所需的期望欧拉角$[\phi_d,\theta_d,\psi_d]$通过式（3-58）的转换得到。

为了验证所提控制方法的有效性，考虑存在执行器饱和与故障、惯性不确定性和未知外部干扰的四旋翼飞行器姿态跟踪问题，给出四旋翼飞行器姿态跟踪系统式（5-4）的期望欧拉角为 $\phi_d = \theta_d = \psi_d = 6^{\circ}$。图 5-1～图 5-4 给出了基于所提控制方法下的系统状态的时间响应性能图。图 5-1 给出所提控制方法下四旋翼飞行器姿态欧拉角的跟踪性能。由图 5-1 可以看出，系统姿态欧拉角能在 1s 左右跟踪上期望轨迹，完成姿态跟踪任务。图 5-2 是所提控制方法下四旋翼飞行器姿态四元数的跟踪性能。如图 5-2 所示，基于本章所提出的控制方法，姿态四元数能在 0.5s 左右实现稳定收敛，即在 0.5s 左右跟踪上期望轨迹。

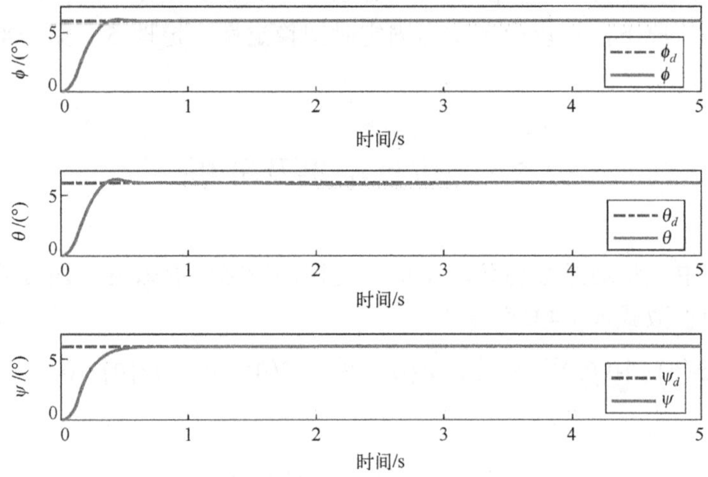

图 5-1　欧拉角的跟踪性能

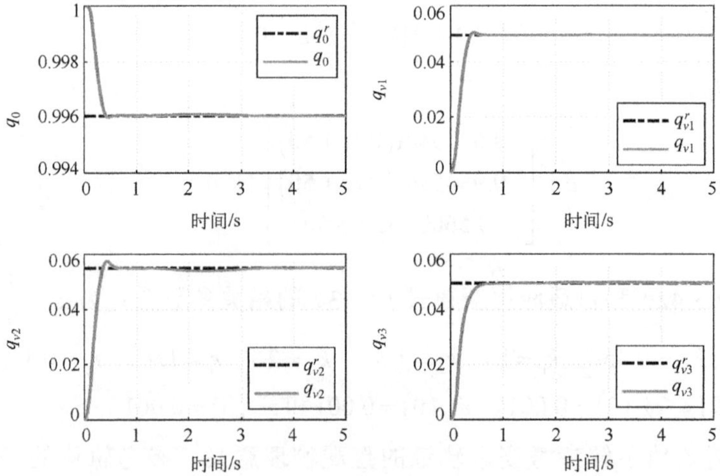

图 5-2　四元数的跟踪性能

非奇异固定时间滑动变量 $\boldsymbol{s}$ 的时间响应如图 5-3 所示，滑动变量 $\boldsymbol{s}$ 可以在 0.5s 内收敛至平衡点。图 5-3 表明，滑动变量 $\boldsymbol{s}$ 可以在短时间内实现稳定并收敛至期望平衡点。图 5-4 给出系统控制输入 $\boldsymbol{u}$ 的时间响应图。由图 5-4可以看出，系统控制增益的幅值保持在 40 N · m 的范围内。综合图 5-1～图 5-4 可得，所提出的控制方法不仅能实现四旋翼飞行器姿态欧拉角和四元数的快速收敛，同时能保证系统姿态的高精度控制。因此，本章所提出的控制方法能完成四旋翼飞行器跟踪期望姿态轨迹的任务。

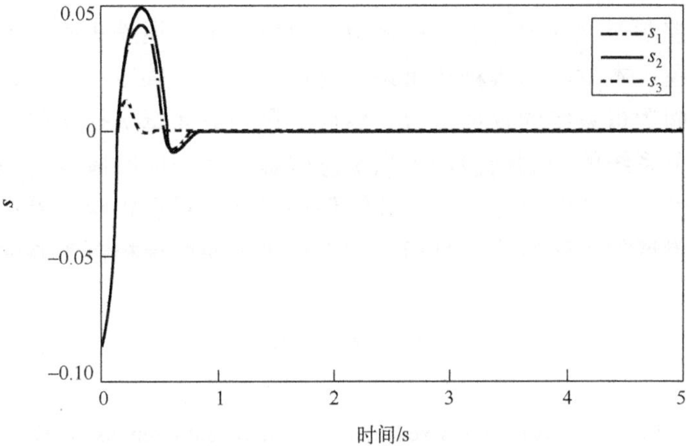

图 5-3　滑动变量

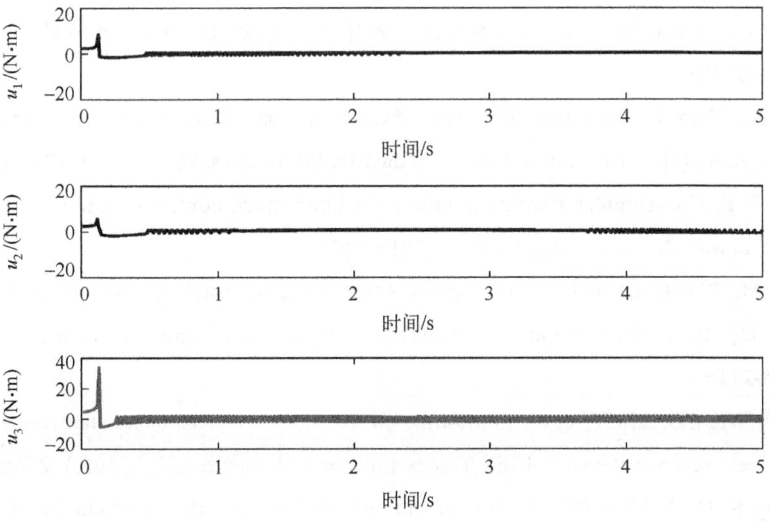

图 5-4　控制输入

5.6 本章小结

本章研究了存在执行器饱和与故障、惯性不确定性和未知外部干扰的四旋翼飞行器姿态跟踪控制问题。首先，不同于第 4 章所提出的分段固定时间终端滑模面，本章设计了一种新型的非奇异固定时间滑模面，不仅能解决因滑动变量微分时产生的奇异性问题，同时可以保证系统跟踪误差的固定时间收敛。其次，通过在控制器设计中构造辅助函数，避免由于对误差矩阵求逆引起的控制器奇异性问题。本章利用模糊逻辑系统逼近非线性不确定性，并设计自适应更新律估计模糊逻辑系统的权值参数。然后，利用第 4 章所提出的增强型双幂次趋近律来调节系统的控制增益，提高瞬态跟踪性能，同时减少抖振。通过李雅普诺夫稳定性分析证明该控制方案能够保证滑动变量和跟踪误差在固定时间内收敛到原点附近的小区域内。最后，仿真结果表明所提控制策略的有效性。

参考文献

[1] Xia K W, Son H S. Adaptive fixed-time control of autonomous VTOL UAVs for ship landing operations[J]. Journal of the Franklin Institute, 2020, 357(10): 6175-6196.

[2] Ghommam J, Saad M, Wright S, et al. Relay manoeuvre based fixed-time synchronized tracking control for UAV transport system[J]. Aerospace Science and Technology, 2020, 103: 105887.

[3] Cao L, Xiao B, Golestani M. Faster fixed-time control of flexible spacecraft attitude stabilization[J]. IEEE Transactions on Industrial Informatics, 2019, 16(2): 1281-1290.

[4] Zuo Z Y. Non-singular fixed-time terminal sliding mode control of nonlinear systems[J]. IET Control Theory and Applications, 2015, 9(4): 545552.

[5] Sun M, Wu T, Chen L, et al. Neural AILC for error tracking against arbitrary initial shifts[J]. IEEE Transactions on Neural Networks and Learning Systems, 2018, 29(7): 2705-2716.

[6] Na J, Wang S, Liu Y, et al. Finite-time convergence adaptive neural network control for nonlinear servo systems[J]. IEEE Transactions on Cybernetics, 2019, 50(6): 2568-2579.

[7] Wang S, Na J, Chen Q. Adaptive predefined performance sliding mode control of motor driving systems with disturbances[J]. IEEE Transactions on Energy Conversion, 2020: 1-9.

[8] Qin N, Liang K, Huang D Q, et al. Multiple convolutional recurrent neural networks for fault identification and performance degradation evaluation of high-speed train bogie[J]. IEEE Transactions on Neural Networks and Learning Systems, 2020, 31(12): 5363-5376.

[9] Chen Q, Ren X M, Na J. Adaptive robust finite-time neural control of uncertain PMSM servo system with nonlinear dead zone[J]. Neural Computing and Applications, 2017, 28(12): 3725-3736.

[10] Isidori A, Marconi L, Serrani A. Robust nonlinear motion control of a helicopter[J]. IEEE Transactions on Automatic Control, 2003, 48(3): 413-426.

[11] Johnson E N, Calise A J. Limited authority adaptive flight control for reusable launch vehicles[J]. Journal of Guidance Control and Dynamics, 2003, 26(6): 906-913.

[12] Jasim W, Gu D. Robust team formation control for quadrotors[J]. IEEE Transactions on Control Systems Technology, 2018, 26(4): 1516-1523.

[13] Lambert N O, Drew D S, Yaconelli J, et al. Low-level control of a quadrotor with deep model-based reinforcement learning[J]. IEEE Robotics and Automation Letters, 2019, 4(4): 4224-4230.

[14] Liang X, Fang Y C, Sun N, et al. Nonlinear hierarchical control for unmanned quadrotor transportation systems[J]. IEEE Transactions on Industrial Electronics, 2018, 65(4): 3395-3405.

[15] Yang Y, Yan Y. Attitude regulation for unmanned quadrotors using adaptive fuzzy gain scheduling sliding mode control[J]. Aerospace Science and Technology, 2016, 54: 208-217.

[16] Song Y D, He L, Zhang D, et al. Neuroadaptive fault-tolerant control of quadrotor UAVs: A more affordable solution[J]. IEEE Transactions on Neural Networks and Learning Systems, 2019, 30(7): 1975-1983.

[17] Xu Q Z, Wang Z S, Zhen Z Y. Adaptive neural network finite time control for quadrotor UAV with unknown input saturation[J]. Nonlinear Dynamics, 2019, 98(3): 1973-1998.

[18] Shao X L, Liu N, Wang Z Q. Neuroadaptive integral robust control of visual quadrotor for tracking a moving object[J]. Mechanical Systems and Signal Processing, 2020, 136: 106513.

[19] Zhang X Y, Wang Y, Zhu G Q, et al. Compound adaptive fuzzy quantized control for quadrotor and its experimental verification[J]. IEEE Transactions on Cybernetics, 2020: 1-13.

[20] Mu C, Zhang Y. Learning-based robust tracking control of quadrotor with time-varying and coupling uncertainties[J]. IEEE Transactions on Neural Networks and Learning Systems,

2010, 31(1): 259-273.

[21] Hou Z C, Fantoni I. Interactive leader-follower consensus of multiple quadrotors based on composite nonlinear feedback control[J]. IEEE Transactions on Control Systems Technology, 2018, 26(5): 1732-1743.

[22] Yu J P, Zhao L, Yu H S, et al. Fuzzy finite-time command filtered control of nonlinear systems with input saturation[J]. IEEE Transactions on Cybernetics, 2018, 48(8): 2378-2387.

[23] Huo B Y, Xia Y Q, Yin L J, et al. Fuzzy adaptive fault-tolerant output feedback attitude-tracking control of rigid spacecraft[J]. IEEE Transactions on Systems, Man, and Cybernetics: Systems, 2017, 47(8): 1898-1908.

[24] Gao J W, Fu Z, Zhang S. Adaptive fixed-time attitude tracking control for rigid spacecraft with actuator faults[J]. IEEE Transactions on Industrial Electronics, 2019, 66(9): 7141-7149.

[25] Tao M L, Chen Q, He X X. Adaptive fixed-time fault-tolerant control for rigid spacecraft using a double power reaching law[J]. International Journal of Robust and Nonlinear Control, 2019, 29(12): 4022-4040.

[26] Huang Y, Jia Y M. Adaptive fixed-time six-DOF tracking control for noncooperative spacecraft fly-around mission[J]. IEEE Transactions on Control Systems Technology, 2019, 27(4): 1796-1804.

第 6 章　参数估计误差的四旋翼飞行器非奇异固定时间姿态控制

6.1　引　言

第 5 章所提出的非奇异固定时间模糊自适应控制方案不仅能实现四旋翼飞行器的姿态固定时间跟踪收敛，同时避免了潜在的奇异性问题。利用模糊自适应控制技术降低对四旋翼飞行器精确模型的需求，提高系统的鲁棒性能和控制精度。然而，第 5 章中所提出的控制策略以及第 5 章参考文献中的控制策略，只能保证系统状态和跟踪误差的渐近收敛或有限时间收敛，但参数估计误差只是一致最终有界的，而不是有限时间收敛。

近年来，文献[1-3]提出一类有限时间参数更新律来保证参数估计误差的有限时间收敛，从而实现系统更高的控制性能。文献[1]提出一种有限时间辨识方法，利用参数辨识技术对未知模型参数进行补偿，同时参数的估计值可以在有限时间内收敛到其真值附近的邻域内。文献[2]构造终端滑模控制器同时获得跟踪误差和参数估计误差的有限时间收敛性。在文献[3]中，提出有限时间收敛的模糊自适应控制方案来估计运动学参数和模糊逻辑系统的理想权值，使参数估计误差是有限时间一致最终有界的。在文献[1-3]中，系统状态的收敛时间明显依赖于系统状态初值，当选择不同的初始状态时，收敛时间会随着初始状态的变化而发生很大的改变。为了进一步提高收敛速度，固定时间控制被提出并保证系统稳定状态下收敛时间上界对初始条件的依赖性较小。虽然固定时间控制在各种非线性控制系统中得到了广泛的研究[4,5]，但是针对四旋翼飞行器姿态控制所做的工作相对较少，因此如何保证跟踪误差和参数估计误差固定时间内收敛至平衡点的问题是很少被研究和解决的。

受上述讨论的启发，本章针对存在执行器故障、惯性不确定性和未知外部干扰的四旋翼飞行器姿态控制系统，提出基于参数估计误差的固定时间神经网络自适应姿态跟踪控制策略。首先，通过第 5 章提出的非奇异固定时间滑模面和辅助函数，分别解决由于对滑动变量求导和控制器设计中对误差矩阵求逆引起的奇异性问题。为了减少计算复杂度，本章将利用 Sigmoid 函数神经网络估计系统非线性不确定性。然后，不同于已有参数估计的相关研究工作[6-9]，本章将构造一阶滤波器间接获取神经网络参数估计误差的信息，解决参数估计误差不能直接设计自适应更新律的问题，并利用包含参数估计误差的辅助滤波向量设计固定时间自适应更新律。根据李雅普诺夫理论保证姿态跟踪误差和参数估计误差能实现固定时间收敛。最后，仿真结果验证该控制策略的有效性。

6.2 问 题 描 述

6.2.1 系统描述

本章采用基于四元数的四旋翼飞行器动力学模型式（2-10），即

$$\boldsymbol{J}\dot{\boldsymbol{\omega}} = -\boldsymbol{\omega}^{\times}\boldsymbol{J}\boldsymbol{\omega} + \boldsymbol{\tau} + \boldsymbol{d} \tag{6-1}$$

其中，$\boldsymbol{\omega} \in \mathbb{R}^{3\times1}$ 表示角速度，$\boldsymbol{J} \in \mathbb{R}^{3\times3}$ 是正定惯性矩阵，$\boldsymbol{\tau} = [\tau_1, \tau_2, \tau_3]^{\mathrm{T}} \in \mathbb{R}^{3\times1}$ 代表旋转的螺旋桨产生的广义控制力矩，$\boldsymbol{d} = [d_1, d_2, d_3]^{\mathrm{T}} \in \mathbb{R}^{3\times1}$ 表示未知外部干扰。

考虑四旋翼飞行器执行器故障的影响，广义控制力矩 $\boldsymbol{\tau}$ 可表示为

$$\boldsymbol{\tau} = \boldsymbol{E}\boldsymbol{u} \tag{6-2}$$

其中，$\boldsymbol{E}$ 表示执行器效率因子矩阵且满足 $\boldsymbol{E} = \mathrm{diag}\{e_1, e_2, e_3\}$，$0 < e_i \leqslant 1\,(i = 1,2,3)$，$\boldsymbol{u} = [u_1, u_2, u_3]^{\mathrm{T}} \in \mathbb{R}^{3\times1}$ 是将要被设计的控制输入信号。

定义 $\boldsymbol{J} = \boldsymbol{J}_0 + \Delta\boldsymbol{J}$ 和执行器故障式（6-2），将式（6-1）改写为

$$\boldsymbol{J}_0\dot{\boldsymbol{\omega}} = -\boldsymbol{\omega}^{\times}\boldsymbol{J}_0\boldsymbol{\omega} - \boldsymbol{\omega}^{\times}\Delta\boldsymbol{J}\boldsymbol{\omega} - \Delta\boldsymbol{J}\dot{\boldsymbol{\omega}} + \boldsymbol{E}\boldsymbol{u} + \boldsymbol{d} \tag{6-3}$$

其中，$\boldsymbol{J}_0$ 和 $\Delta\boldsymbol{J}$ 分别表示四旋翼飞行器的标称惯性矩阵和不确定惯性矩阵。

本章采用四旋翼飞行器姿态跟踪模型式（2-15），即

$$\dot{\boldsymbol{e}}_q = \boldsymbol{e}_\omega \tag{6-4}$$

根据式（2-13）、式（6-3）和式（6-4）得到如下动力学模型：

$$\begin{aligned} &\dot{\boldsymbol{e}}_q = \boldsymbol{e}_\omega \\ &\dot{\boldsymbol{e}}_\omega = -\boldsymbol{J}_0^{-1}\boldsymbol{\omega}^{\times}\boldsymbol{J}_0\boldsymbol{\omega} - \boldsymbol{J}_0^{-1}\boldsymbol{\omega}^{\times}\Delta\boldsymbol{J}\boldsymbol{\omega} - \boldsymbol{J}_0^{-1}\Delta\boldsymbol{J}\dot{\boldsymbol{\omega}} + \boldsymbol{J}_0^{-1}\boldsymbol{E}\boldsymbol{u} + \boldsymbol{J}_0^{-1}\boldsymbol{d} - \dot{\boldsymbol{\omega}}^{r} \end{aligned} \tag{6-5}$$

本章控制目标是根据式（6-5）给出四旋翼飞行器姿态跟踪误差模型，设计控制律 $\boldsymbol{u}$ 使得跟踪误差 $\boldsymbol{e}_q$ 和 $\boldsymbol{e}_\omega$ 可以在固定时间内收敛到原点，即姿态四元数 $\boldsymbol{q}$ 可以在固定时间内跟踪上期望轨迹 $\boldsymbol{q}^r$ 。

6.2.2　相关引理

考虑一个非线性系统，即

$$\dot{x} = f\big(x(t)\big), \quad x(0) = x_0, \quad x \in \mathbb{R}^n \tag{6-6}$$

并给出了如下数学定义。

定义 6.1[3]　如果系统式（6-6）是有限时间收敛且收敛时间 $T(x_0) \in \mathbb{R}$ 有界，即存在一个正常数 $T_{\max} \in \mathbb{R}$ ，满足 $T(x_0) \leqslant T_{\max}$ 。对于 $\forall x_0$ ，则系统式（6-6）是固定时间稳定的。

定义 6.2[2]　存在 $T > 0$ 和 $\varepsilon > 0$ ，当一个向量或矩阵函数 ϕ 是持续激励的（persistent excitation，PE），则存在 $\int_t^{t+T} \boldsymbol{\phi}(r)\boldsymbol{\phi}^{\mathrm{T}}(r)\,\mathrm{d}r \geqslant \varepsilon \boldsymbol{I}$ ，$\forall T \geqslant 0$ 。

引理 6.1[10]　考虑一个标量动力系统：

$$\dot{y} = -\ell_1 \mathrm{sig}^{o_1}(y) - \ell_2 \mathrm{sig}^{o_2}(y), \quad y(0) = y_0 \tag{6-7}$$

其中，$\mathrm{sig}^{o_1}(y) = |y|^{o_1} \cdot \mathrm{sgn}(y)$ ，$\mathrm{sig}^{o_2}(y) = |y|^{o_2} \cdot \mathrm{sgn}(y)$ ，$\ell_1 > 0$ ，$\ell_2 > 0$ ，$o_1 > 1$ 和 $0 < o_2 < 1$ 。该闭环系统式（6-7）是固定时间稳定的，且收敛时间 T_s 有界，其上界表示为

$$T_s \leqslant \frac{1}{\ell_1(o_1 - 1)} + \frac{1}{\ell_2(1 - o_2)} \tag{6-8}$$

6.3　参数估计误差的非奇异固定时间自适应控制

6.3.1　非奇异固定时间滑模面设计

本章使用式（5-21）中所提出的非奇异固定时间滑模面：

$$\boldsymbol{s}=\mathbf{sig}^{\frac{a_1}{a_2}}\boldsymbol{e}_q+\frac{\lambda_1}{2-a_2}\mathbf{sig}^{2-a_2}\left(\boldsymbol{e}_\omega+\lambda_2\mathbf{sig}^{\frac{a_1}{a_2}}\boldsymbol{e}_q\right) \tag{6-9}$$

其中，$\boldsymbol{s}=\left[s_1,s_2,s_3\right]^{\mathrm{T}}\in\mathbb{R}^{3\times1}$，$\lambda_1>0$，$\lambda_2>0$，$0<a_2<a_1<a_2\left(2-a_2\right)<1$，$a_1=\dfrac{p_1}{q_1}$，$a_2=\dfrac{p_2}{q_2}$，$2-a_2=\dfrac{q_3}{p_3}$，当$i=1,2,3$时，$p_i$和$q_i$是满足$p_i<q_i$的正奇数，函数$\mathbf{sig}^r\left(\boldsymbol{x}\right)$的定义为$\mathbf{sig}^r\left(\boldsymbol{x}\right)=\left[\left|x_1\right|^r\operatorname{sgn}\left(x_1\right),\left|x_2\right|^r\operatorname{sgn}\left(x_2\right),\left|x_3\right|^r\operatorname{sgn}\left(x_3\right)\right]^{\mathrm{T}}$，$\boldsymbol{x}=\left[x_1,x_2,x_3\right]^{\mathrm{T}}$和$r$是正常数。

对式（6-9）进行微分得到

$$\dot{\boldsymbol{s}}=\boldsymbol{\varGamma}\boldsymbol{e}_\omega+\lambda_1\left|\boldsymbol{e}_\omega+\lambda_2\mathbf{sig}^{\frac{a_1}{a_2}}\boldsymbol{e}_q\right|^{1-a_2}\cdot\left(\dot{\boldsymbol{e}}_\omega+\lambda_2\boldsymbol{\varGamma}\boldsymbol{e}_\omega\right) \tag{6-10}$$

其中，$\boldsymbol{e}_q=\left[e_{q_1},e_{q_2},e_{q_3}\right]^{\mathrm{T}}$，$e_{q_i}$是$\boldsymbol{e}_q$的第$i$个元素，$i=1,2,3$，$\boldsymbol{\varGamma}=\operatorname{diag}\left\{\varGamma_1,\varGamma_2,\varGamma_3\right\}\in\mathbb{R}^{3\times3}$该矩阵元素满足$\boldsymbol{\varGamma}_i=\dfrac{a_1}{a_2}\operatorname{diag}\left(\left|e_{q_i}\right|^{\frac{a_1}{a_2}-1}\right)\geqslant0$。

引理 6.2 考虑四旋翼飞行器姿态跟踪误差系统式（6-5）和非奇异固定时间滑模面式（6-9），当$\boldsymbol{s}=0$时，能在固定时间内实现$\boldsymbol{e}_q\to0$和$\boldsymbol{e}_\omega\to0$，其收敛时间可表示为

$$T_s\leqslant\frac{2}{\varrho_1(\overline{a}_1-1)}+\frac{2}{\varrho_2(1-\overline{a}_2)} \tag{6-11}$$

证明 引理 6.2 的证明与第 5 章中引理 5.3 中的证明类似，此处省略。

将式（6-5）代入式（6-10）得到

$$\begin{aligned}\dot{\boldsymbol{s}}&=\boldsymbol{\varGamma}\boldsymbol{e}_\omega+\boldsymbol{g}\left(\boldsymbol{J}_0^{-1}\boldsymbol{E}\boldsymbol{u}-\boldsymbol{J}_0^{-1}\boldsymbol{\omega}^{\times}\boldsymbol{J}_0\boldsymbol{\omega}-\boldsymbol{J}_0^{-1}\boldsymbol{\omega}^{\times}\Delta\boldsymbol{J}\boldsymbol{\omega}-\boldsymbol{J}_0^{-1}\Delta\boldsymbol{J}\dot{\boldsymbol{\omega}}-\dot{\boldsymbol{\omega}}_r+\lambda_2\boldsymbol{\varGamma}\boldsymbol{e}_\omega\right)\\&=\boldsymbol{g}(\boldsymbol{F}_0+\boldsymbol{J}_0^{-1}\boldsymbol{E}\boldsymbol{u})+\boldsymbol{\varGamma}\boldsymbol{e}_\omega\end{aligned} \tag{6-12}$$

其中，$\boldsymbol{g}=\lambda_1\operatorname{diag}(\left|\sigma_i\right|)^{1-a_2}$，$i=1,2,3$。

$$\boldsymbol{\sigma}=\boldsymbol{e}_\omega+\lambda_2\mathbf{sig}^{\frac{a_1}{a_2}}\boldsymbol{e}_q \tag{6-13}$$

和

$$\boldsymbol{F}_0 = \boldsymbol{g}^{-1}\boldsymbol{\Gamma}\boldsymbol{e}_\omega - \boldsymbol{J}_0^{-1}\boldsymbol{\omega}^\times \boldsymbol{J}_0\boldsymbol{\omega} - \boldsymbol{J}_0^{-1}\boldsymbol{\omega}^\times \Delta\boldsymbol{J}\boldsymbol{\omega} - \boldsymbol{J}_0^{-1}\Delta\boldsymbol{J}\dot{\boldsymbol{\omega}} - \dot{\boldsymbol{\omega}}_r + \lambda_2\boldsymbol{\Gamma}\boldsymbol{e}_\omega \tag{6-14}$$

类似式（5-28）～式（5-35）中辅助函数的设计和分析，使用辅助函数式（5-35），即

$$\boldsymbol{\varphi} = \frac{1}{\lambda_1}\mathbf{sig}^{a_2}\boldsymbol{\sigma} + \frac{\lambda_2}{2-a_2}\boldsymbol{\sigma} \tag{6-15}$$

利用辅助函数构造等价滑动变量的微分项，将式（6-15）代入式（6-12），可得

$$\begin{aligned}\dot{\boldsymbol{s}} &= \boldsymbol{g}\left(\boldsymbol{J}_0^{-1}\boldsymbol{E}\boldsymbol{u} - \boldsymbol{J}_0^{-1}\boldsymbol{\omega}^\times \boldsymbol{J}_0\boldsymbol{\omega} - \boldsymbol{J}_0^{-1}\boldsymbol{\omega}^\times \Delta\boldsymbol{J}\boldsymbol{\omega} - \boldsymbol{J}_0^{-1}\Delta\boldsymbol{J}\dot{\boldsymbol{\omega}} - \dot{\boldsymbol{\omega}}_r + \boldsymbol{\Gamma}\left(\boldsymbol{\varphi} + \lambda_2\boldsymbol{e}_\omega\right)\right) - \lambda_2\boldsymbol{\Gamma}\boldsymbol{s} \\ &= \boldsymbol{g}\left(\boldsymbol{J}_0^{-1}\boldsymbol{E}\boldsymbol{u} + \boldsymbol{F} + \boldsymbol{\Gamma}\left(\boldsymbol{\varphi} + \lambda_2\boldsymbol{e}_\omega\right)\right) - \lambda_2\boldsymbol{\Gamma}\boldsymbol{s}\end{aligned} \tag{6-16}$$

其中，$\boldsymbol{F} = \left[F_1, F_2, F_3\right]^{\mathrm{T}} \in \mathbb{R}^{3\times 1}$ 表示的非线性不确定性。

$$\boldsymbol{F} = -\boldsymbol{J}_0^{-1}\boldsymbol{\omega}^\times \boldsymbol{J}_0\boldsymbol{\omega} - \boldsymbol{J}_0^{-1}\boldsymbol{\omega}^\times \Delta\boldsymbol{J}\boldsymbol{\omega} - \boldsymbol{J}_0^{-1}\Delta\boldsymbol{J}\dot{\boldsymbol{\omega}} - \dot{\boldsymbol{\omega}}_r \tag{6-17}$$

6.3.2　控制器和滤波器设计

本节提出非奇异固定时间自适应姿态控制器，能同时保证跟踪误差和参数估计误差的固定时间收敛，并设计一阶滤波器间接获取参数估计误差的信息。

为了更方便地设计控制方案，首先根据式（6-17）的表达式，将式（6-5）的第二个方程简化为

$$\dot{\boldsymbol{e}}_\omega = \boldsymbol{J}_0^{-1}\boldsymbol{E}\boldsymbol{u} + \boldsymbol{F} \tag{6-18}$$

考虑到神经网络[9]具有良好的非线性逼近能力，对 $\boldsymbol{F}$ 进行逼近：

$$F_i\left(\boldsymbol{x}_i\right) = \boldsymbol{W}_i^{\mathrm{T}}\boldsymbol{\phi}_i\left(\boldsymbol{x}_i\right) + \varepsilon_i \tag{6-19}$$

其中，$i=1,2,3$，$\boldsymbol{x}_i = \left[e_{\omega_i}, \omega_i, \dot{\omega}_i, \dot{\omega}_{r_i}\right]^{\mathrm{T}} \in \mathbb{R}^{4\times 1}$ 是神经网络输入，$\boldsymbol{W}_i \in \mathbb{R}^{4\times 1}$ 是目标权重，$\boldsymbol{\phi}_i\left(\boldsymbol{x}_i\right)$ 是第 i 个神经网络激活函数，ε_i 为估计误差，存在正常数 W_N 和 ε_N 分别满足 $\left\|\boldsymbol{W}_i\right\| \leqslant W_N$ 和 $\left|\varepsilon_i\right| \leqslant \varepsilon_N$。

在不失一般性的情况下，以 Sigmoid 函数作为神经网络激活函数，因此将 $\boldsymbol{\phi}_i\left(\boldsymbol{x}_i\right)$ 给定为

$$\boldsymbol{\phi}_i\left(\boldsymbol{x}_i\right) = \frac{b_1}{b_2 + \exp\left(-\boldsymbol{x}_i/b_3\right)} + b_4 \tag{6-20}$$

其中，$i=1,2,3,4$，b_i 是设计参数。

将式（6-19）代入式（6-18）得到

$$\dot{e}_{\omega_i}=\boldsymbol{W}_i^{\mathrm{T}}\boldsymbol{\phi}_i+\varepsilon_i+\theta_i u_i \tag{6-21}$$

其中，$i=1,2,3$，θ_i 表示控制输入系数，它是矩阵 $\boldsymbol{\theta}=\boldsymbol{J}_0^{-1}\boldsymbol{E}=\mathrm{diag}\left(\theta_1,\theta_2,\theta_3\right)$ 中的第 i 个元素。

在式（6-21）中的控制律 u_i 设计为

$$u_i=\frac{1}{\hat{\theta}_i}\left(-k_1\mathrm{sig}^{r_1}(s_i)-k_2\mathrm{sig}^{r_2}(s_i)-k_3\frac{|s_i|}{|s_i|+\epsilon}-\hat{\boldsymbol{W}}_i^{\mathrm{T}}\boldsymbol{\phi}_i\left(\boldsymbol{x}_i\right)-\varGamma_i\left(\varphi_i+\lambda_2 e_{\omega_i}\right)\right) \tag{6-22}$$

其中，$k_1>0$，$k_2>0$，$r_1>1$，$0<r_2<1$，ϵ 是一个正常数，u_i 是控制输入 $\boldsymbol{u}=\left[u_1,u_2,u_3\right]^{\mathrm{T}}$ 的第 i 个控制输入。

为了间接获得参数估计误差的信息，首先将式（6-22）代入式（6-16）得到

$$\dot{s}_i=g_i\left(-k_1\mathrm{sig}^{r_1}(s_i)-k_2\mathrm{sig}^{r_2}(s_i)-k_3\frac{|s_i|}{|s_i|+\epsilon}+\tilde{\theta}_i u_i+\tilde{\boldsymbol{W}}_i^{\mathrm{T}}\boldsymbol{\phi}_i\left(\boldsymbol{x}_i\right)+\varepsilon_i\right)-\lambda_2\varGamma_i s_i \tag{6-23}$$

为了同时估计参数 $\boldsymbol{W}_i$ 和 θ_i，在自适应控制中将 $\boldsymbol{W}_i$ 和 θ_i 作为一个统一参数嵌入其中。然后，将式（6-21）改写为

$$\dot{e}_{\omega_i}=\boldsymbol{\varTheta}_i^{\mathrm{T}}\boldsymbol{\varPsi}_i+\varepsilon_i \tag{6-24}$$

其中，$\boldsymbol{\varTheta}_i=\left[\boldsymbol{W}_i^{\mathrm{T}},\theta_i\right]^{\mathrm{T}}\in\mathbb{R}^{5\times1}$ 表示增广参数向量，$\boldsymbol{\varPsi}_i=\left[\boldsymbol{\phi}_i^{\mathrm{T}},u_i\right]^{\mathrm{T}}\in\mathbb{R}^{5\times1}$ 是对应的回归因子，$i=1,2,3$，$\tilde{\boldsymbol{\varTheta}}_i=\boldsymbol{\varTheta}_i-\hat{\boldsymbol{\varTheta}}_i$ 是未知参数 $\boldsymbol{\varTheta}_i$ 和 $\hat{\boldsymbol{\varTheta}}_i$ 之间的参数估计误差。

由于参数估计误差不能直接用于自适应更新律的设计中，构造一阶滤波器来间接获取参数估计误差的信息，即

$$\begin{cases}k\dot{e}_{\omega_i}^f+\dot{e}_{\omega_i}^f=\dot{e}_{\omega_i}, & \dot{e}_{\omega_i}^f(0)=0\\ k\dot{\boldsymbol{\varPsi}}_i^f+\boldsymbol{\varPsi}_i^f=\boldsymbol{\varPsi}_i, & \boldsymbol{\varPsi}_i^f(0)=0\end{cases} \tag{6-25}$$

其中，k 是一个正常数，$e_{\omega_i}^f$ 和 $\boldsymbol{\varPsi}_i^f$ 是滤波变量。

由式（6-25）得到如下等式：

$$\dot{e}_{\omega_i}^f=\boldsymbol{\varTheta}_i^{\mathrm{T}}\boldsymbol{\varPsi}_i^f+\varepsilon_i^f=\frac{e_{\omega_i}(r)-e_{\omega_i^f}(r)}{k} \tag{6-26}$$

当 $i=1,2,3$ 时，回归矩阵 $\boldsymbol{P}_i \in \mathbb{R}^{5\times5}$ 和向量 $\boldsymbol{Q}_i \in \mathbb{R}^{5\times1}$ 表示为

$$\begin{cases} \dot{\boldsymbol{P}}_i = -l\boldsymbol{P}_i + \boldsymbol{\varPsi}_i^f \boldsymbol{\varPsi}_i^{f\mathrm{T}}, & \boldsymbol{P}_i(0)=0 \\ \dot{\boldsymbol{Q}}_i = -l\boldsymbol{Q}_i + \boldsymbol{\varPsi}_i^f \left[\left(e_{\omega_i} - e_{\omega_i}^f\right) \big/ \left(x_2 - x_{2f}\right)k\right], & \boldsymbol{Q}_i(0)=0 \end{cases} \tag{6-27}$$

其中，$l>0$ 是一个设计标量 。

微分方程（6-27）的解为

$$\boldsymbol{P}_i = \int_t^r \mathrm{e}^{-l(t-r)}(r)\boldsymbol{\varPsi}_i^f(r)\mathrm{d}\boldsymbol{Q}_i = \int_0^t \mathrm{e}^{-l(t-r)}\boldsymbol{\varPsi}_i^f(r)\left[\left(e_{\omega_i}(r) - e_{\omega_i}^f(r)\right)\big/k\right]\mathrm{d}r \tag{6-28}$$

将式（6-27）代入式（6-28），可得

$$\boldsymbol{Q}_i = \boldsymbol{P}_i\boldsymbol{\varTheta}_i - \boldsymbol{\Delta}_i \tag{6-29}$$

其中，$\boldsymbol{\Delta}_i = -\int_0^t \mathrm{e}^{-l(t-r)}\boldsymbol{\varPsi}_i^f(r)\varepsilon_f(r)\mathrm{d}r$ 满足 $\|\boldsymbol{\Delta}_i\| < \varepsilon_{Nf}$，$\varepsilon_{Nf}$ 是个正常数。

为了间接获得参数估计误差 $\tilde{\boldsymbol{\varTheta}}_i$ 的信息，构造与 $\boldsymbol{P}_i$ 和 $\boldsymbol{Q}_i$ 相关的辅助向量 $\boldsymbol{H}_i \in \mathbb{R}^{5\times1}$ 满足以下关系：

$$\begin{aligned} \boldsymbol{H}_i &= \boldsymbol{P}_i\hat{\boldsymbol{\varTheta}}_i - \boldsymbol{Q}_i = \boldsymbol{P}_i\hat{\boldsymbol{\varTheta}}_i - \boldsymbol{P}_i\boldsymbol{\varTheta} + \boldsymbol{\Delta}_i \\ &= -\boldsymbol{P}_i\tilde{\boldsymbol{\varTheta}}_i + \boldsymbol{\Delta}_i \end{aligned} \tag{6-30}$$

注 6.1　神经网络是线性参数化的常用逼近方法之一，它可以被其他任何逼近方法所替代。但是，为了避免计算复杂性，本方法采用不含隐含层的神经网络且结构更为简单的 Sigmoid 函数来实现线性参数化。

6.3.3　自适应更新律设计

为实现所设计的神经网络非奇异固定时间自适应控制器式（6-22），需要构造自适应更新律在线估计参数 $\boldsymbol{W}_i$ 和 θ_i，即对参数 $\boldsymbol{\varTheta}_i$ 进行在线估计。为了表明本章所提出基于参数估计误差的自适应更新律的优越性，本节将其与传统自适应控制算法进行比较。

（1）梯度下降算法[11]：梯度算法通过对 $\hat{\boldsymbol{\varTheta}}_i$ 求偏导数，使得滑动变量 $\boldsymbol{s}$ 的能量最小，即

$$\hat{\boldsymbol{\varTheta}}_i = \varGamma_i\boldsymbol{\varPhi}_i s_i \tag{6-31}$$

由于存在$\dot{\hat{\boldsymbol{\Theta}}}_i = -\dot{\tilde{\boldsymbol{\Theta}}}_i$的关系，参数估计误差可以表示为

$$\dot{\tilde{\boldsymbol{\Theta}}}_i = -\boldsymbol{\Gamma}_i \boldsymbol{\Phi}_i s_i \tag{6-32}$$

然而，当系统存在干扰时，在梯度算法式（6-31）中存在潜在的参数偏移[11]，此时，$\tilde{\boldsymbol{\Theta}}_i$和$\hat{\boldsymbol{\Theta}}_i$的有界性不能被保证。这也是该方法长期被诟病的原因。具体来说，由式（6-32）可知，即使滑动变量s_i等于零时，$\tilde{\boldsymbol{\Theta}}_i$的收敛性也不能被保证。

（2）σ-修正算法[11]：为了保证$\hat{\boldsymbol{\Theta}}_i$的有界性，在式（6-31）中添加阻尼项，即

$$\dot{\hat{\boldsymbol{\Theta}}}_i = \boldsymbol{\Gamma}_i \left(\boldsymbol{\Psi}_i s_i - \kappa \hat{\boldsymbol{\Theta}}_i \right) \tag{6-33}$$

相应的参数估计误差可表示为

$$\dot{\tilde{\boldsymbol{\Theta}}}_i = -\kappa \boldsymbol{\Gamma}_i \tilde{\boldsymbol{\Theta}}_i - \boldsymbol{\Gamma}_i \boldsymbol{\Psi}_i s_i + \kappa \boldsymbol{\Gamma}_i \boldsymbol{\Theta}_i \tag{6-34}$$

式（6-34）中除了存在非零项$\kappa \boldsymbol{\Gamma}_i \boldsymbol{\Theta}_i$，还包含一个额外的遗忘因子$\kappa \boldsymbol{\Gamma}_i \tilde{\boldsymbol{\Theta}}_i$。由文献[12]中给定的有界输入有界输出动力学系统，说明只要保证滑动变量s_i和参数$\boldsymbol{\Theta}$是有界的，那么$\tilde{\boldsymbol{\Theta}}_i$也是有界的，即参数估计$\hat{\boldsymbol{\Theta}}_i$的有界性和式（6-33）的鲁棒性都能被保证。

然而，由于式（6-33）中包含的阻尼项$\kappa \hat{\boldsymbol{\Theta}}_i$使参数估计$\hat{\boldsymbol{\Theta}}_i$只能停留在预选值附近，因此不能保证$\tilde{\boldsymbol{\Theta}}_i$的收敛性。假设$\tilde{\boldsymbol{\Theta}}_i$是标量的特殊情况下，可以将式（6-34）中的参数估计误差以传递函数的方式表示如下：

$$\tilde{\boldsymbol{\Theta}}_i = \left[1/\left(p + \boldsymbol{\Gamma}_i \kappa \right) \right] \left(-\boldsymbol{\Gamma}_i \boldsymbol{\Psi}_i s_i + \kappa \boldsymbol{\Gamma}_i \boldsymbol{\Theta}_i \right) \tag{6-35}$$

其中，p表示拉普拉斯算子。因此，参数估计误差$\tilde{\boldsymbol{\Theta}}_i$最终的界值与参数$\boldsymbol{\Theta}_i$的幅值有关，这表明$\hat{\boldsymbol{\Theta}}_i \to 0$时，需要给定较大的$\kappa$甚至$s_i = 0$。

（3）基于参数误差估计的自适应更新律：式（6-30）表明推导出的变量$\boldsymbol{H}_i$包含参数估计误差$\tilde{\boldsymbol{\Theta}}_i$的信息，通过设计一个自适应律来更新$\hat{\boldsymbol{\Theta}}_i$，使其最小化。因此，可以将$\boldsymbol{H}_i$作为一个新的泄漏项纳入自适应更新律中，即一种新型的基于参数估计参数的自适应更新律为

$$\hat{\boldsymbol{\Theta}}_i = \boldsymbol{\Gamma}_i \left(\boldsymbol{\Psi}_i s_i - \kappa \boldsymbol{H}_i \right) \tag{6-36}$$

其中，$\boldsymbol{\Gamma}_i > 0$是一个对角阵的增益项，$\kappa > 0$是一个正常数，可以决定泄漏项$\kappa \boldsymbol{H}_i$的影响。

参数误差估计的动力学可以表示为

$$\dot{\tilde{\boldsymbol{\Theta}}}_i = -\kappa\Gamma_i P_i \tilde{\boldsymbol{\Theta}}_i - \Gamma_i \boldsymbol{\Psi}_i s_i + \kappa\Gamma_i \boldsymbol{\Delta}_i \tag{6-37}$$

由式（6-37）中发现，引入了与 σ-修正算法中式（6-35）相似的遗忘因子 $\kappa\Gamma_i P_1 \tilde{\boldsymbol{\Theta}}_i$，使得误差 $\tilde{\boldsymbol{\Theta}}_i$ 也为有界输入有界输出，这意味着自适应律（6-36）的鲁棒性也是可以保证的。

此外，式（6-36）中新的泄漏项 $\kappa\boldsymbol{H}_i$ 的使用可以使 $\tilde{\boldsymbol{\Theta}}_i$ 收敛到 $\boldsymbol{\Theta}_i$ 真值附近。假设 $\tilde{\boldsymbol{\Theta}}_i$ 是标量的特殊情况下，可以将式（6-37）中的参数估计误差以传递函数的方式表示为

$$\tilde{\boldsymbol{\Theta}}_i = \left[1/\left(p + \kappa\Gamma_i \boldsymbol{P}_i\right)\right]\left(-\Gamma_i \boldsymbol{\Psi}_i s_i + \kappa\Gamma_i \boldsymbol{\Delta}_i\right) \tag{6-38}$$

由式（6-38）可知，参数估计误差 $\tilde{\boldsymbol{\Theta}}_i$ 最终的界值仅在 $s_i = 0$ 时由神经网络误差 $\boldsymbol{\Delta}_i$ 的幅值决定。这意味着本章所提出的自适应算法式（6-36）比 σ-修正算法式（6-33）能够获得更好的估计响应。

根据以上讨论，本章将通过使用滑模控制技术，进一步修改自适应更新律式（6-36）来实现固定时间收敛。因此，$\hat{\boldsymbol{\Theta}}_i$ 的固定时间自适应更新律设计如下：

$$\dot{\hat{\boldsymbol{\Theta}}}_i = \boldsymbol{K}\left(\boldsymbol{\Psi}_i g_i s_i - \boldsymbol{P}_i^{\mathrm{T}}\left(\kappa_1 \mathrm{sig}^{r_1}\left(\boldsymbol{H}_i\right) + \kappa_2 \mathrm{sig}^{r_2}\left(\boldsymbol{H}_i\right) - \kappa_3 \frac{\boldsymbol{P}_i^{\mathrm{T}}\boldsymbol{H}_i}{\left\|\boldsymbol{H}_i\right\|}\right)\right) \tag{6-39}$$

其中，$\boldsymbol{K} \in \mathbb{R}^{5\times5}$ 是对角矩阵，κ_1、κ_2、κ_3 是正常数。

注 6.2　与文献[13]中已有的方法不同，式（6-22）中设计平滑符号函数 $\dfrac{s_i}{|s_i| + \epsilon}$ 减少了控制设计中的抖振问题。

注 6.3　为了避免当 $\hat{\theta}_i(t) = 0, t > 0$ 时潜在的奇异性问题，在初始值 $\hat{\theta}_i(0)$ 中引入文献[2]中的投影算子方法，它的作用是将 $\hat{\theta}_i$ 的估计保持在一个合理的变化范围内。而在实际应用中，为了减少估计值 $\hat{\theta}_i$ 可能发生的突变，选择较小的增益 K 是有必要的。

注 6.4　现有的大多数自适应控制方案[6-9]，只能保证参数估计误差的一致最终有界性。而在式（6-30）中，$\boldsymbol{H}_i$ 的设计中包含了参数估计误差 $\tilde{\boldsymbol{\Theta}}_i$ 的信息，并将其用于构造自适应更新律式（6-39），保证了跟踪误差和参数估计误差同时实现固定时间收敛。

6.4 稳定性分析

本节将给出以下定理说明跟踪误差和参数估计误差的固定时间收敛性能。

定理 6.1 对于四旋翼飞行器姿态跟踪误差系统式（6-5）、非奇异固定时间控制器式（6-22）和自适应更新律式（6-39），可以保证滑动变量 $\boldsymbol{s}$ 、跟踪误差 $\boldsymbol{e}_q$ 、角速度误差 $\boldsymbol{e}_\omega$ 和参数估计误差 $\tilde{\boldsymbol{\Theta}}_i$ 的固定时间收敛。

证明 构造李雅普诺夫函数 V_2：

$$V_2 = \frac{1}{2}\boldsymbol{s}^{\mathrm{T}}\boldsymbol{s} + \frac{1}{2}\boldsymbol{H}_i^{\mathrm{T}}\boldsymbol{P}_i^{-1}\boldsymbol{K}^{-1}\boldsymbol{P}_i^{-1}\boldsymbol{H}_i \tag{6-40}$$

根据 $\boldsymbol{H}_i = -\boldsymbol{P}_i\tilde{\boldsymbol{\Theta}}_i + \boldsymbol{\Delta}_i$ 的事实，下式成立：

$$\boldsymbol{P}_i^{-1}\boldsymbol{H}_i = -\tilde{\boldsymbol{\Theta}}_i + \boldsymbol{P}_i^{-1}\boldsymbol{\Delta}_i \tag{6-41}$$

和

$$\frac{\partial \boldsymbol{P}_i^{-1}\boldsymbol{H}_i}{\partial t} = -\dot{\tilde{\boldsymbol{\Theta}}} + \frac{\partial \boldsymbol{P}_i^{-1}\boldsymbol{\Delta}_i}{\partial t} + \boldsymbol{P}_i^{-1}\dot{\boldsymbol{\Delta}}_i = \dot{\hat{\boldsymbol{\Theta}}}_i + \boldsymbol{\Delta}^* \tag{6-42}$$

其中，$\boldsymbol{\Delta}^* = -\boldsymbol{P}_i^{-1}\dot{\boldsymbol{P}}_i\boldsymbol{P}_i^{-1}\boldsymbol{\Delta}_i + \boldsymbol{P}_i^{-1}\dot{\boldsymbol{\Delta}}_i$，$\boldsymbol{\Delta}^*$ 与 $\boldsymbol{\Delta}_i$ 中的近似误差 ε_i 有关。

由于 $g_i \geqslant 0$，证明过程被分为两个不同的部分。

第一部分：当 $g_i > 0$，由式（6-22）～式（6-42）和引理 3.1 可得

$$\begin{aligned}\dot{V}_2 \leqslant{}& s_i\left(g_i\left(-k_1\mathrm{sig}^{r_1}(s_i) - k_2\mathrm{sig}^{r_2}(s_i) - k_3 g_i\frac{s_i}{|s_i|+\epsilon} + \tilde{\boldsymbol{\Theta}}_i^{\mathrm{T}}\boldsymbol{\Psi}_i + \epsilon\right) - \lambda_2\Gamma_i s_i\right)\\ &+ \boldsymbol{H}_i^{\mathrm{T}}\boldsymbol{P}_i^{-1}\boldsymbol{K}^{-1}\left(\dot{\hat{\boldsymbol{\Theta}}}_i + \boldsymbol{\Delta}^*\right)\\ \leqslant{}& \left(-k_1 g_i|s_i|^{r_1+1} - k_2 g_i|s_i|^{r_2+1} - k_3\frac{|s_i|}{|s_i|+\epsilon}\cdot g_i|s_i| + \tilde{\boldsymbol{\Theta}}_i^{\mathrm{T}}\boldsymbol{\Psi}_i g_i|s_i| + \epsilon_N g_i|s_i|\right)\\ &+ \boldsymbol{H}_i^{\mathrm{T}}\boldsymbol{P}_i^{-1}\boldsymbol{K}^{-1}\left(\dot{\hat{\boldsymbol{\Theta}}}_i + \boldsymbol{\Delta}^*\right) - \lambda_2\Gamma_i s_i^2\end{aligned} \tag{6-43}$$

将式（6-39）代入式（6-43）中得到

$$\begin{aligned}\dot{V} \leqslant{}& -k_1 g_i|s_i|^{r_1+1} - k_2 g_i|s_i|^{r_2+1} - \bar{k}_3\cdot g_i|s_i| + \tilde{\boldsymbol{\Theta}}_i^{\mathrm{T}}\boldsymbol{\Psi}_i g_i|s_i| + \varepsilon_N g_i|s_i|\\ &+ \left(-\tilde{\boldsymbol{\Theta}}_i^{\mathrm{T}} + \boldsymbol{\Delta}_i^{\mathrm{T}}\boldsymbol{P}_i^{-1}\right)\boldsymbol{\Psi} g_i s_i - \kappa_1\|\boldsymbol{H}_i\|^{r_1+1} - \kappa_2\|\boldsymbol{H}_i\|^{r_2+1} - \kappa_3\|\boldsymbol{H}_i\|\\ &+ \boldsymbol{H}_i^{\mathrm{T}}\boldsymbol{P}_i^{-1}\boldsymbol{K}^{-1}\boldsymbol{\Delta}^* - \lambda_2\Gamma_i s_i^2\end{aligned} \tag{6-44}$$

其中，$\bar{k}_3 = k_3 \dfrac{s_i}{|s_i| + \epsilon}$。

然后，式（6-44）被改写为

$$\begin{aligned} \dot{V} \leqslant & -k_1 g_i |s_i|^{r_1+1} - k_2 g_i |s_i|^{r_2+1} - \kappa_1 \|\boldsymbol{H}_i\|^{r_1+1} - \kappa_2 \|\boldsymbol{H}_i\|^{r_2+1} \\ & -\left(\bar{k}_3 - \varepsilon_N - \left\|\boldsymbol{\Delta}_i^{\mathrm{T}} \boldsymbol{P}_i^{-1} \boldsymbol{\Psi}_i\right\|\right) g_i |s_i| - \left(\kappa_3 - \left\|\boldsymbol{P}_i^{-1} \boldsymbol{K}^{-1} \boldsymbol{\Delta}^*\right\|\right) \|\boldsymbol{H}_i\| \\ & -\lambda_2 \Gamma_i s_i^2 \end{aligned} \tag{6-45}$$

由于估计误差 ε_i 有界，回归函数 $\boldsymbol{\Psi}_i$ 有界，因此 $\boldsymbol{\Delta}_i = -\int_0^t \mathrm{e}^{-l(t-r)} \boldsymbol{\Psi}_i^f(r) \varepsilon_f(r) \mathrm{d}r$ 的表达式有界。那么 $\boldsymbol{\Delta}_i$ 的导数也是有界的。由式（6-27）中矩阵 $\boldsymbol{P}_i$ 可得，对于足够大的紧集中已有的 $\boldsymbol{\Psi}_i$，矩阵 $\boldsymbol{P}_i$ 是有界的。由定义 6.2 可知，$\boldsymbol{\Psi}_i$ 满足 PE 条件。在 $\boldsymbol{\Psi}_i$ 的 PE 条件下，$\boldsymbol{P}_i^{-1}$ 和 $\boldsymbol{\Delta}^*$ 有界。因此，式（6-43）中 $\left\|\boldsymbol{\Delta}_i^{\mathrm{T}} \boldsymbol{P}_i^{-1} \boldsymbol{\Psi}\right\|$ 和 $\left\|\boldsymbol{P}_i^{-1} \boldsymbol{K}^{-1} \boldsymbol{\Delta}^*\right\|$ 都是有界的。

选择一个较大 k_3 和一个较小 ϵ 满足 $\bar{k}_3 \leqslant \varepsilon_N + \left\|\boldsymbol{\Delta}_i^{\mathrm{T}} \boldsymbol{P}_i^{-1} \boldsymbol{\Psi}\right\|$，那么 $\kappa_3 \leqslant \left\|\boldsymbol{P}_i^{-1} \boldsymbol{K}^{-1} \boldsymbol{\Delta}^*\right\|$，这样式（6-45）可以写为

$$\begin{aligned} \dot{V} & \leqslant -k_1 g_i |s_i|^{r_1+1} - \kappa_1 \|\boldsymbol{H}_i\|^{r_1+1} - k_2 g_i |s_i|^{r_2+1} - \kappa_2 \|\boldsymbol{H}_i\|^{r_2+1} \\ & \leqslant -\mu_1 V^{\frac{r_1+1}{2}} - \mu_2 V^{\frac{r_2+1}{2}} \end{aligned} \tag{6-46}$$

其中，$\mu_{11} = k_1 g_i \cdot 2^{\frac{r_1+1}{2}} \cdot 2^{1-r_1}$，$\mu_{21} = k_2 g_i \cdot 2^{\frac{r_2+1}{2}}$，$\mu_{12} = \kappa_1 \lambda_{\min^{r_1+1}}\left(\boldsymbol{P}_i^{-1}\right)\left(2/\lambda_{\max}\left(K^{-1}\right)\right)^{\frac{r_1+1}{2}}$，$\mu_{22} = \kappa_2 \lambda_{\min^{r_2+1}}\left(\boldsymbol{P}_i^{-1}\right)\left(2/\lambda_{\max}\left(K^{-1}\right)\right)^{\frac{r_2+1}{2}}$，$\mu_1 = \min\{\mu_{11}, \mu_{12}\}$，$\mu_2 = \min\{\mu_{21}, \mu_{22}\}$ 都是正常数。

根据引理 6.1 得到，闭环系统是固定时间稳定的。根据式（6-40）分析可得，滑动变量 s_i 和向量 $\boldsymbol{H}_i$ 能在固定时间 T_r 内收敛至原点，收敛时间 T_r 满足

$$T_r \leqslant \frac{1}{\rho_1} \frac{2}{1 - r_1} + \frac{1}{\rho_2} \frac{2}{r_2 - 1} \tag{6-47}$$

然后，由式（6-30）得到 $\boldsymbol{H}_i = -\boldsymbol{P}_i \tilde{\boldsymbol{\Theta}}_i + \boldsymbol{\Delta}_i = 0$，参数估计误差 $\tilde{\boldsymbol{\Theta}}_i$ 能在固定时间内收敛到原点附近的一个小区域。

由引理 6.2 可知，当 $s_i = 0$ 时，跟踪误差 e_{q_i} 和 e_{ω_i} 可以在固定时间 T_s 内收敛到原点。因此，跟踪误差和参数估计误差的总收敛时间满足

$$\begin{aligned}\bar{T} &= T_r + T_s \\ &\leqslant \frac{1}{\rho_1}\frac{2}{1-r_1}+\frac{1}{\rho_2}\frac{2}{r_2-1}+\frac{1}{\rho_2\gamma(1-r_2)}+\frac{1}{\bar{\lambda}_1 2^{\frac{1+\bar{a}_1}{2}}}\cdot\frac{2}{\bar{a}_1-1}+\frac{1}{\bar{\lambda}_2 2^{\frac{1+\bar{a}_2}{2}}}\cdot\frac{2}{\bar{a}_2-1}\end{aligned} \tag{6-48}$$

第二部分：当 $g_i = 0$ 时，将控制律式（6-22）转化为

$$u_i = \frac{1}{\hat{\theta}}\left(-k_1\mathrm{sig}^{r_1}(s_i) - k_2\mathrm{sig}^{r_2}(s_i) - k_3\frac{|s_i|}{|s_i|+\epsilon} - \boldsymbol{W}_i^{\mathrm{T}}\phi_i(x) - \Gamma_i\lambda_2 e_{\omega_i}\right) \tag{6-49}$$

$\boldsymbol{\sigma}$ 的时间导数为

$$\dot{\sigma}_i = \dot{e}_{\omega_i} + \frac{\lambda_2 a_1}{a_2}\left|e_{q_i}\right|^{\frac{a_1}{a_2}-1} e_{\omega_i} \tag{6-50}$$

将式（6-49）代入式（6-50）中，得到

$$\dot{\sigma}_i = \boldsymbol{W}_i^{\mathrm{T}}\phi_i + \theta_i u_i + \varepsilon_i - \hat{\boldsymbol{W}}_i^{\mathrm{T}}\phi_i + \hat{\theta}_i u_i - k_1\mathrm{sig}^{r_1}(s_i) - k_2\mathrm{sig}^{r_2}(s_i) - k_3\frac{|s_i|}{|s_i|+\epsilon} \tag{6-51}$$

由于 $\bar{k}_3 > \varepsilon_N + \left\|\boldsymbol{\Delta}_i^{\mathrm{T}}\boldsymbol{P}_i^{-1}\boldsymbol{\Psi}_i\right\|$，显然存在当 $\dot{\sigma}_i < 0$ 时 $s_i > 0$，当 $\dot{\sigma}_i > 0$ 时 $s_i < 0$。因此，$\sigma_i = 0$ 除了原点外都不是吸引子，跟踪误差会在有限时间内单调地穿越 $\Omega \in \mathbb{R}^+$ 的区域后进入原点。T_Ω 为跟踪误差通过一个小区域 Ω 的特定时间间隔，是一个较小的有限时间。

综上可得，闭环系统总收敛时间 T 的上界满足

$$T \leqslant \bar{T} + T_\Omega \tag{6-52}$$

通过以上分析，所提出的控制策略可以保证滑动变量 $\boldsymbol{s}$、跟踪误差 $\boldsymbol{e}_q$、角速度误差 $\boldsymbol{e}_\omega$ 和参数估计误差 $\tilde{\boldsymbol{\Theta}}_i$ 的固定时间收敛。

注 6.5　在式（6-39）中的 $\dfrac{\boldsymbol{H}_i}{\|\boldsymbol{H}_i\|}$，它不会造成严重的抖振问题。根据定理 6.1 的证明分析可得，较小的 ϵ 可以提高系统的鲁棒性能，但是抖振现象会变得更明显。因此，需要选择合适的参数 k_3、ϵ 和 κ_3，以保证式（6-45）的收敛性能。一般来说，较大的 K 和 κ_3 会提高参数估计的收敛性，同时引起系统的振荡。因此，在选择这些增益值时，可以先在初始阶段设置较小，然后逐渐调大，以平衡系统的鲁棒性能和可能出现的抖振问题。

注 6.6　由式（6-48）和式（6-52）可知，收敛时间的上界主要由 a_1、a_2、

λ_2、$\bar{a}_1$、$\bar{a}_2$、r_1和r_2等参数值决定。增大a_1和λ_2或减少a_2可以使收敛时间T_Ω尽可能小。一般选取较大的参数a_1，λ_2，$\bar{a}_1$，r_1和较小的参数a_2，$\bar{a}_2$，r_2可以保证收敛时间获得一个相对较小的上界值。

6.5　仿真结果及分析

本节利用数值仿真来说明所提控制策略的有效性。四旋翼飞行器姿态跟踪模型式（6-5）的参数选定为

$$\boldsymbol{\omega}(0)=[0,0,0]^{\mathrm{T}}，\ \phi(0)=0^{\circ}，\ \theta(0)=0^{\circ}，\ \psi(0)=0^{\circ} \tag{6-53}$$

标称惯性矩阵为

$$\boldsymbol{J}_0=\operatorname{diag}([0.1,0.1,0.1])\ \mathrm{kg/m^2} \tag{6-54}$$

不确定惯性矩阵为

$$\Delta\boldsymbol{J}=\operatorname{diag}([1,1,2])\ \mathrm{kg/m^2} \tag{6-55}$$

所提出的控制律式（6-22）和自适应更新律式（6-39）中的参数为$\boldsymbol{K}=\operatorname{diag}(5,5,5,5,5)$，$a_1=\dfrac{7}{9}$，$a_2=\dfrac{5}{7}$，$\lambda_1=0.1$，$\lambda_2=0.4$，$k_1=0.5$，$k_2=1.1$，$k_3=4$，$r_1=1.7$，$r_2=0.1$，$\kappa_1=1$，$\kappa_2=0.5$，$\kappa_3=0.5$，$b_1=2$，$b_2=8$，$b_3=4$，$b_4=-0.5$，$l=1$，$\boldsymbol{E}=\operatorname{diag}(0.9,0.9,0.9)$，$\hat{\boldsymbol{\Theta}}_1(0)=[0,0,0,0,1.31]^{\mathrm{T}}$，$\hat{\boldsymbol{\Theta}}_2(0)=[0,0,0,0,1.31]^{\mathrm{T}}$和$\hat{\boldsymbol{\Theta}}_3(0)=[0,0,0,0,0.65]^{\mathrm{T}}$。

为了清楚地表示参考姿态轨迹的物理意义，基于单位四元数描述的姿态$[q_0^r,q_{v1}^r,q_{v2}^r,q_{v3}^r]$通常由所需的期望欧拉角$[\phi_d,\theta_d,\psi_d]$得到，其关系如式（3-58）所示。

为了进一步表明所设计控制方案的有效性，考虑存在执行器故障、惯性不确定性和未知外部干扰的四旋翼飞行器姿态跟踪问题，给出四旋翼飞行器姿态跟踪动力学模型式（6-5）的期望姿态欧拉角为$\theta_d=\phi_d=\psi_d=10^{\circ}$。图 6-1～图 6-6 给出了基于所提控制方案下的系统状态和参数估计的时间响应图。

基于非奇异固定时间自适应控制器的四旋翼飞行器姿态欧拉角跟踪性能如图 6-1 所示。由图 6-1 可以看出，系统姿态欧拉角能在 1s 内实现稳定收敛，这意味着欧拉角能在 1s 内跟踪上期望轨迹，实现姿态固定时间跟踪控制。图 6-2

给出所提控制器下四旋翼飞行器等效姿态四元数的跟踪性能。从图 6-2 可得，等效系统姿态四元数也能在 1s 内跟踪上期望轨迹，完成姿态跟踪任务。

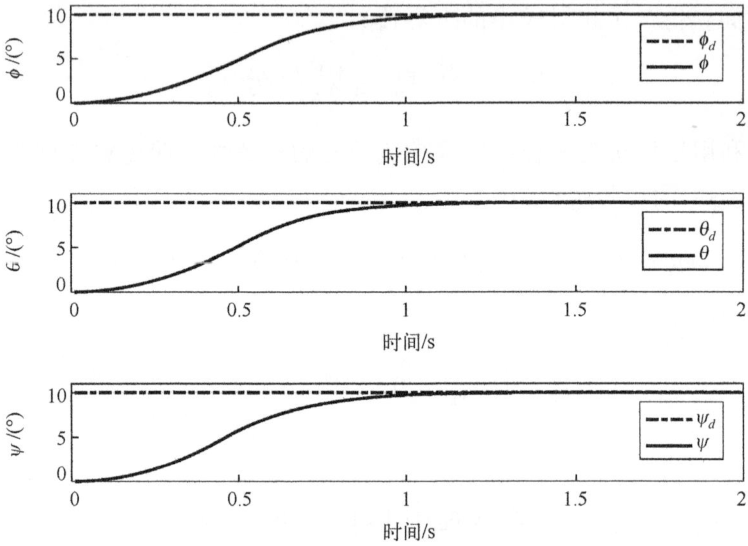

图 6-1　欧拉角的跟踪性能

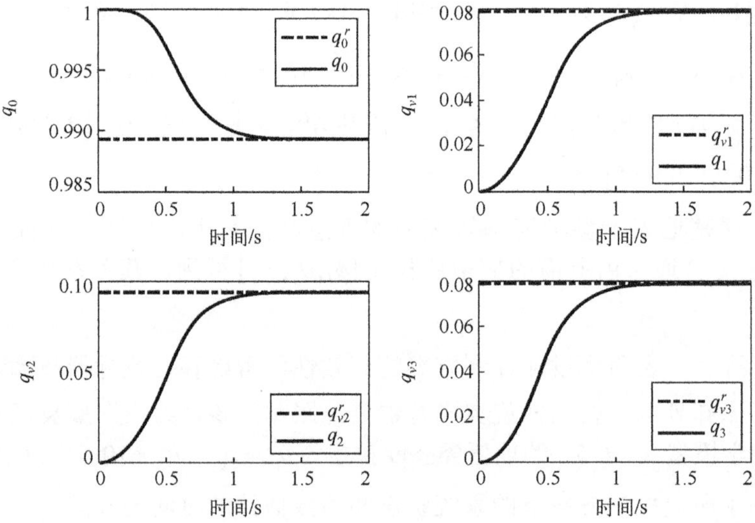

图 6-2　四元数的跟踪性能

滑动变量 **s** 的时间响应如图 6-3 所示，滑动变量 **s** 可以在 1s 内实现稳定收敛。这表明滑动变量 **s** 能在较短时间内收敛至期望平衡点。图 6-4 给出系统控

制输入 $\boldsymbol{u}$ 的时间响应图。如图 6-4 所示，四旋翼飞行器控制输入的幅值保持在 ±10 N·m 的范围内。图 6-5 是所提控制方案下控制输入相关系数 $\hat{\theta}$ 的时间响应。如图 6-5 所示，参数估计值 $\hat{\theta}$ 能在 0.1s 左右实现稳定收敛。图 6-6 表示神经网络权重向量 $\hat{\boldsymbol{W}}$ 的时间响应。由图 6-6 可以得出，神经网络权重向量 $\hat{\boldsymbol{W}}$ 能在 0.3s 左右实现稳定收敛。综合图 6-5 和图 6-6 的分析可知，针对执行器故障、惯性不确定性和未知外部干扰的四旋翼飞行器姿态跟踪控制系统，本章所提出的控制器能实现参数估计的稳定收敛，提高系统的鲁棒性能。

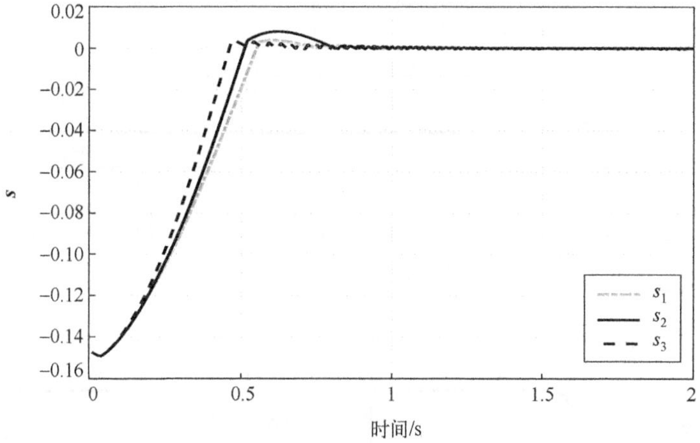

图 6-3　滑动变量

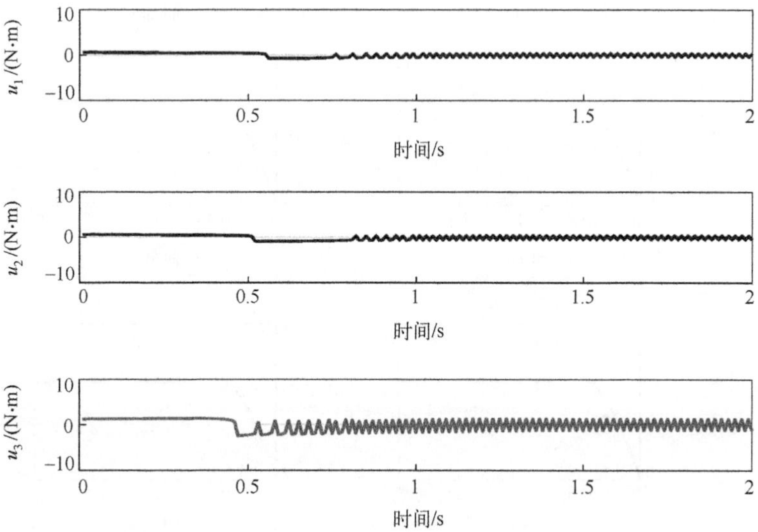

图 6-4　控制输入

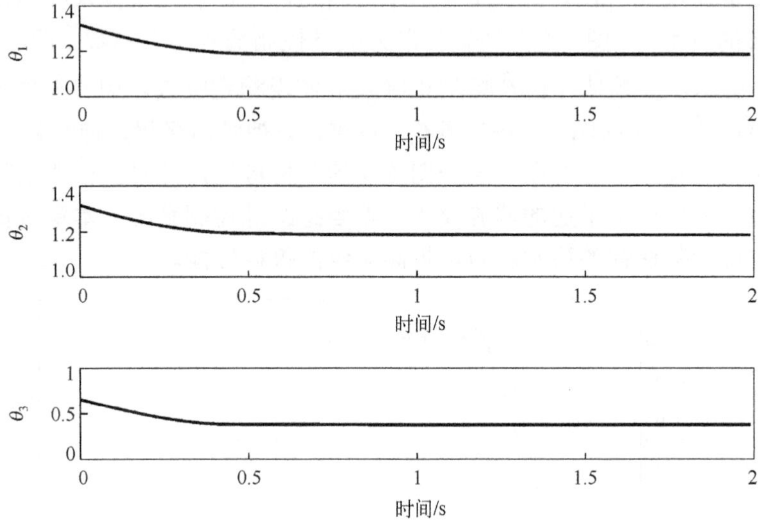

图 6-5　参数θ的估计

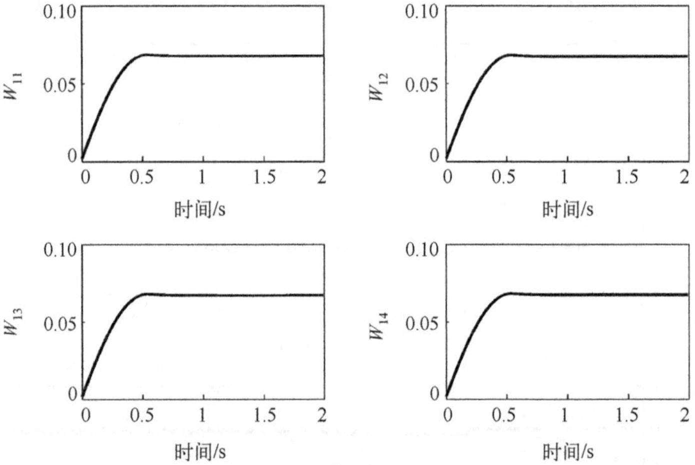

(a) W_1

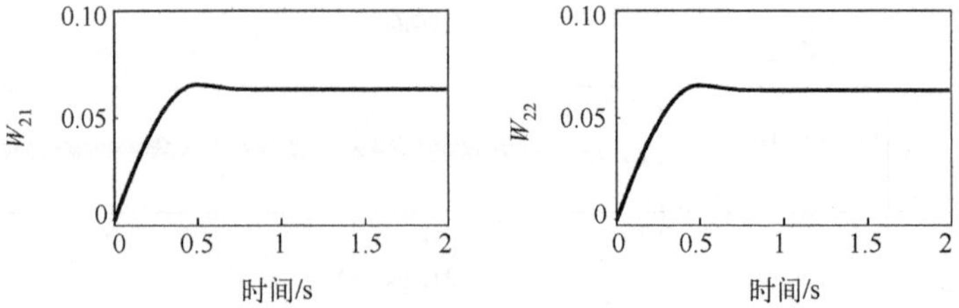

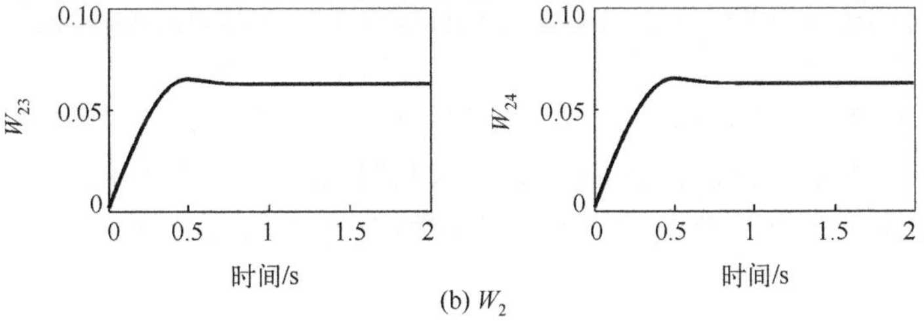

(b) W_2

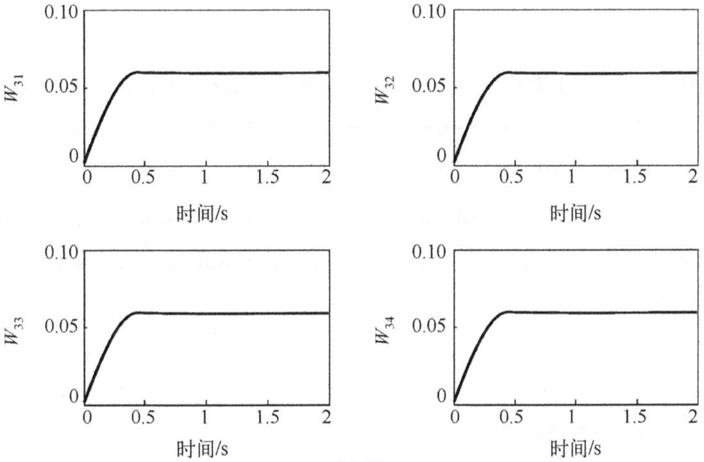

(c) W_3

图 6-6　参数估计

由图 6-1～图 6-6 可得，所提出的非奇异固定时间自适应控制器不仅能实现四旋翼飞行器姿态欧拉角和四元数的快速收敛以及系统姿态的高精度控制，而且能保证参数估计误差的稳定收敛，提高姿态控制系统的鲁棒性能。因此，本章所提出的控制方法能有效地实现 QUAV 姿态跟踪任务。

6.6　本 章 小 结

针对具有执行器故障、惯性不确定性和未知外部干扰的四旋翼飞行器，本章提出了一种基于参数估计误差的固定时间神经网络自适应姿态控制方法。首先，基于第 5 章所设计的非奇异固定时间滑模面和辅助函数，解决了滑动变量微分和控制器设计中可能存在的奇异性问题。其次，利用基于 Sigmoid 函数的神经网络估计系统未知非线性动力学，设计一阶滤波器来间接获取神经网络参数估计误差信息，解决参数估计误差不能直接用于设计自适应更新律的问题。然后，利用回归矩阵构造辅助滤波向量使其包含参数估计误差的信息，设计了基于参数估计误差的固定时间自适应控制方案。不同于第 4 章和第 5 章的自适应控制方法，本章所提出的控制方法可以同时实现跟踪误差和参数估计误差的固定时间收敛。最后，数值仿真验证了该控制方法的有效性。

参考文献

[1] Yang C G, Jiang Y M, He W, et al. Adaptive parameter estimation and control design for robot manipulators with finite-time convergence[J]. IEEE Transactions on Industrial Electronics, 2018, 65(10): 8112-8123.

[2] Na J, Mahyuddin M N, Herrmann G. Robust adaptive finite-time parameter estimation and control for robotic systems[J]. International Journal of Robust and Nonlinear Control, 2015, 25(16): 3045-3071.

[3] Yang C G, Jiang Y M, Na J, et al. Finite-time convergence adaptive fuzzy control for dual-arm robot with unknown kinematics and dynamics[J]. IEEE Transactions on Fuzzy Systems, 2019, 27(3): 574-588.

[4] Ning B, Han Q, Lu Q. Fixed-time leader-following consensus for multiple wheeled mobile robots[J]. IEEE Transactions on Cybernetics, 2020, 50(10): 4381-4392.

[5] Zuo Z Y, Han Q L, Ning B D, et al. An overview of recent advances in fixed-time cooperative control of multiagent systems[J]. IEEE Transactions on Industrial Informatics, 2018, 14(6): 2322-2334.

[6] Song Y D, He L, Zhang D, et al. Neuroadaptive fault-tolerant control of quadrotor UAVs: A more affordable solution[J]. IEEE Transactions on Neural Networks and Learning Systems, 2019, 30(7): 1975-1983.

[7] Xu Q Z, Wang Z S, Zhen Z Y. Adaptive neural network finite time control for quadrotor UAV with unknown input saturation[J]. Nonlinear Dynamics, 2019, 98(3): 1973-1998.

[8] Shao X L, Liu N, Wang Z Q. Neuroadaptive integral robust control of visual quadrotor for tracking a moving object[J]. Mechanical Systems and Signal Processing, 2020, 136: 106513.

[9] Zhang X Y, Wang Y, Zhu G Q, et al. Compound adaptive fuzzy quantized control for quadrotor and its experimental verification[J]. IEEE Transactions on Cybernetics, 2020: 1-13.

[10] Li H J, Cai Y L. On SFTSM control with fixed-time convergence[J]. IET Control Theory and Applications, 2017, 11(6): 766-773.

[11] Ioannou P, Sun J. Robust Adaptive Control[M]. Englewood Cliffs: Prentice-Hall, 1996.

[12] Na J, Xing Y S, Costa-Castello R. Adaptive estimation of time-varying parameters with application to rotor-magnet plant[J]. IEEE Transactions on Systems, Man, and Cybernetics: Systems, 2021, 51(2): 731-741.

[13] Zhu Z, Xia Y, Fu M. Adaptive sliding mode control for attitude stabilization with actuator saturation[J]. IEEE Transactions on Industrial Electronics, 2011, 58(10): 4898-4907.

第 7 章　实验结果及分析

7.1 引　　言

三自由度悬停（3-degrees of freedom hover，3-DOF hover）系统非常适合用于研究与飞行动力学和飞行器垂直起降控制等实际应用相关的控制概念和理论。

如图 7-1 所示，Magni 飞行器是一款具备垂直起降的四旋翼飞行器。Magni 由于其速度快、体积小等优点，适合战斗搜索、监视和通信等任务。因此，该机型的飞行动力学理论十分具有研究价值。而三自由度悬停试验为了解和发展具备垂直起降能力的飞行器飞行动力学和控制理论提供了一个经济的试验平台和高效的实验数据。

图 7-1　Magni 飞行器

（https://www.163.com/dy/article/EUN2AUHC05149OCK.html）

本书所应用的 Quanser 实验平台是实时控制领域的领导者。如图 7-2 所示，三自由度悬停四旋翼飞行器由一个带有四个螺旋桨的平面圆形框架组成。框架安装在一个三个自由度的枢轴关节上，使机体能够围绕滚转、俯仰和偏航轴旋转。螺旋桨由四个安装在框架顶点的直流电机驱动。

图 7-2　三自由度悬停系统[1]

螺旋桨产生的升力可以直接用来控制俯仰和滚转的角度。螺旋桨电机产生的总扭矩使机体绕偏航轴运动，其中两个螺旋桨是反向旋转的，这样当四个螺旋桨的推力大约相等时，系统中的总扭矩可以实现平衡。电压信号进入电机时，俯仰和偏航编码器信号将通过一个滑环进行传输。滑环消除了电线的需求，并允许绕偏航轴 360° 自由运动。此外，它还减少了围绕移动轴的摩擦力和载荷。

受上述讨论启发，本章将对第 5 章和第 6 章所提出的控制方案进行实验对比验证，进一步说明所提出的控制方案的实用性和优越性，并为研究三自由度悬停系统的姿态控制理论提供了可靠的实验数据。

7.2　四旋翼飞行器实验平台

在本节中，我们在一个三自由度悬停实验平台（图 7-3）上进行了对比实验，以展示所提出的控制方案的优越性能。该平台由安装在 3-DOF 枢轴关节上的四旋翼飞行器组成，使机体可以在滚转、俯仰和偏航轴上自由移动。四旋翼飞行器平台的数据采集和控制方案的实现将在个人计算机（personal computer，PC）上进行，四旋翼飞行器平台与 PC 机之间的通信由 PMC 总线通信 I/O 板保证，具体的实验模式如图 7-4 所示。四旋翼飞行器滚转、俯仰和偏航角的数值是通过使用分辨率为 8192 计数/转的编码器来测量的，4 个螺旋桨上的电压被用作控制输入。整个控制系统的采样时间设置为 1ms。

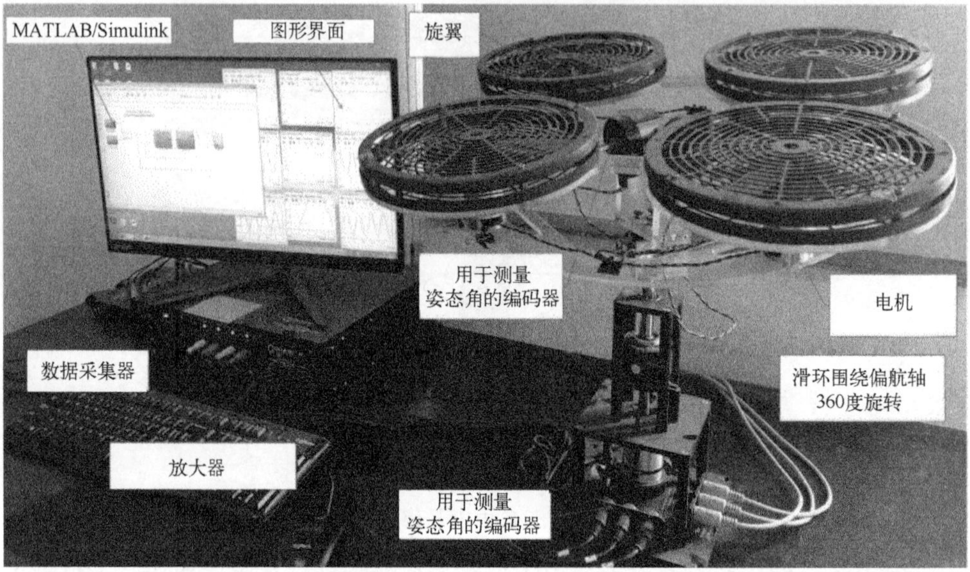

图 7-3　Quanser 三自由度悬停四旋翼飞行器平台

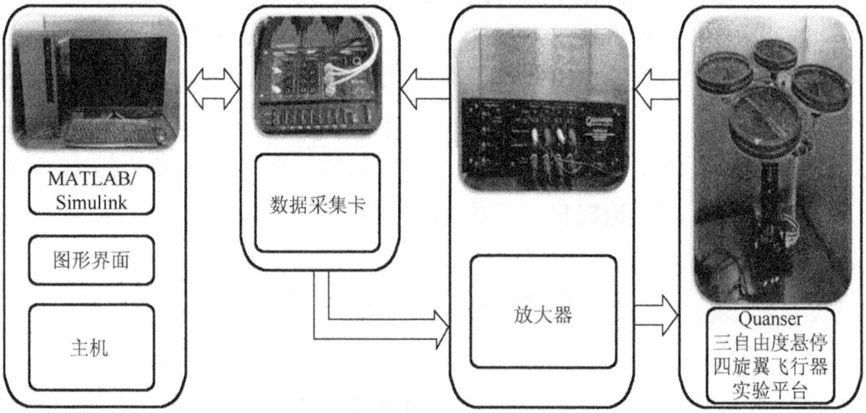

图 7-4　四旋翼飞行器实验模式图

本实验平台具有以下特征：

①三个自由度（3-DOF），机体围绕俯仰和偏航轴旋转；

②螺旋桨由高品质直流电机驱动；

③高分辨率光学编码器，用于精确的位置测量；

④滑环允许绕偏航轴做无限运动；

⑤易于连接的电缆和连接器；

⑥精密、刚性和重型机械部件；

⑦完全兼容 MATLAB®/Simulink®和 LabVIEW™；

⑧为 MATLAB®/Simulink®、LabVIEW™ 和 Maple™ 提供了完整的系统模型和参数文件；

⑨开放式架构设计，允许用户自行设计控制器。

7.3　实验结果

7.3.1　实验结果一

为了进一步说明第 5 章所设计的非奇异固定时间自适应模糊控制方案的优越性和实用性，本节根据已有文献中的控制方法，给出三种不同的控制方法。C1 为第 5 章所提出的控制方法；C2 为自适应有限时间控制[2]；C3 为自适应滑模控制[3]。

在 C1 控制方案中，滑模面式（5-21）的参数选择为 $\lambda_1 = 0.15$，$\lambda_2 = 1.2$，$a_1 = \frac{3}{5}$，$a_2 = \frac{3}{7}$。增强型双幂次趋近律式（5-40）的参数选取为 $k_1 = 5$，$k_2 = 5$，$r_1 = 1.5$，$r_2 = 0.5$，$\vartheta = 1$，$p = 0.5$ 和 $\chi = \frac{2.5}{\pi}$。选取自适应更新律式（5-43）的参数给定为 $b = 0.5$，$m = 2$ 和 $n = 0.01$。

在 C2 控制方案中，滑模面表示为

$$\boldsymbol{s} = \boldsymbol{e}_\omega + \lambda_1 \boldsymbol{e}_q + \lambda_2 \mathbf{sig}^{a_2} \boldsymbol{e}_q \tag{7-1}$$

并将有限时间控制器设计为

$$\boldsymbol{u} = \boldsymbol{J}_0[\lambda_1 \boldsymbol{e}_\omega + \lambda_2 r \left|\boldsymbol{e}_q\right|^{r-1} \boldsymbol{e}_\omega + \dot{\boldsymbol{\omega}}_r + \hat{\theta}_0 \mathrm{sgn}(\boldsymbol{s}) - (k_1 \boldsymbol{s} + k_2 \mathbf{sig}^{r_2}(\boldsymbol{s}))] \tag{7-2}$$

其中，$\hat{\theta}_0$ 的自适应更新律为

$$\dot{\hat{\theta}}_0 = c_0 \left(\|\boldsymbol{s}\| - \varepsilon_0 \hat{\theta}_0 \right) \tag{7-3}$$

其中，$c_0 = 1$，$\varepsilon_0 = 0.002$，C2 的其他参数设置与 C1 相同。

在 C3 控制方案中，滑模面表示为

$$s = e_{\omega} + \lambda_2 e_q \tag{7-4}$$

并将有限时间控制器设计为

$$u = J_0(\lambda_2 e_{\omega} + \dot{\omega}_r + \hat{\theta}_0 \mathrm{sgn}(s) - (k_1 s + k_2 \mathbf{sig}^{r_2}(s))) \tag{7-5}$$

其中，$\hat{\theta}_0$ 的自适应更新律与式（7-3）相同，C3 的其他参数设置与 C1、C2 相同。

系统的初始系统状态式（5-13）设置为 $[\phi(0), \theta(0), \psi(0), \omega(0)]^{\mathrm{T}} = [0,0,0,0]^{\mathrm{T}}$，为了验证姿态参考轨迹的有效性，本节采用了三组不同的期望欧拉角：

①
$$\theta_d = \phi_d = \psi_d = 5^{\circ} \tag{7-6}$$

②
$$\theta_d = \phi_d = \psi_d = 10^{\circ} \tag{7-7}$$

和

③
$$\theta_d = 0^{\circ}, \quad \phi_d(t) = \psi_d(t) = 2\sin\left(\frac{\pi}{2}t + \frac{\pi}{6}\right) \tag{7-8}$$

作为姿态参考轨迹。

在存在执行器饱和与故障、惯性不确定性和未知外部干扰的情况下，三种控制方案关于姿态参考轨迹①的跟踪性能和系统状态的时间响应如图 7-5～图 7-8 所示。图 7-5 给出姿态参考轨迹①下的姿态欧拉角跟踪性能对比图。从图 7-5 可以看出，C1 控制方案下欧拉角的收敛时间约为 1.5s，比 C2 和 C3 控制方案下欧拉角的收敛时间短 0.5s 和 1.5s 左右。图 7-6 给出姿态参考轨迹①下的等效姿态四元数跟踪性能对比图。从图 7-6 可以看出，C1 控制方案下姿态四元数的收敛时间约为 0.5s，比 C2 和 C3 控制方案下姿态四元数的收敛时间都短 0.5s 左右。由图 7-5 和图 7-6 可得，通过对比跟踪姿态参考轨迹①时三种控制方案下姿态欧拉角和四元数的收敛时间，可以明显看出 C1 能实现最快的收敛速度。由图 7-5 和图 7-6 跟踪效果放大图也能看出 C1 能提供更好的姿态跟踪效果。图 7-7 和图 7-8 分别表示在姿态参考轨迹①下控制输入和 ϖ 估计值的时间响应性能。由图 7-7 可以看出，系统控制输入的幅值限制在 ±6 N·m 内。综合图 7-5～

图 7-8 的结果表明，在控制信号幅值相似的情况下，面对跟踪参考轨迹①的任务，C1 控制方案能够实现比 C2 和 C3 更好的瞬态跟踪性能。

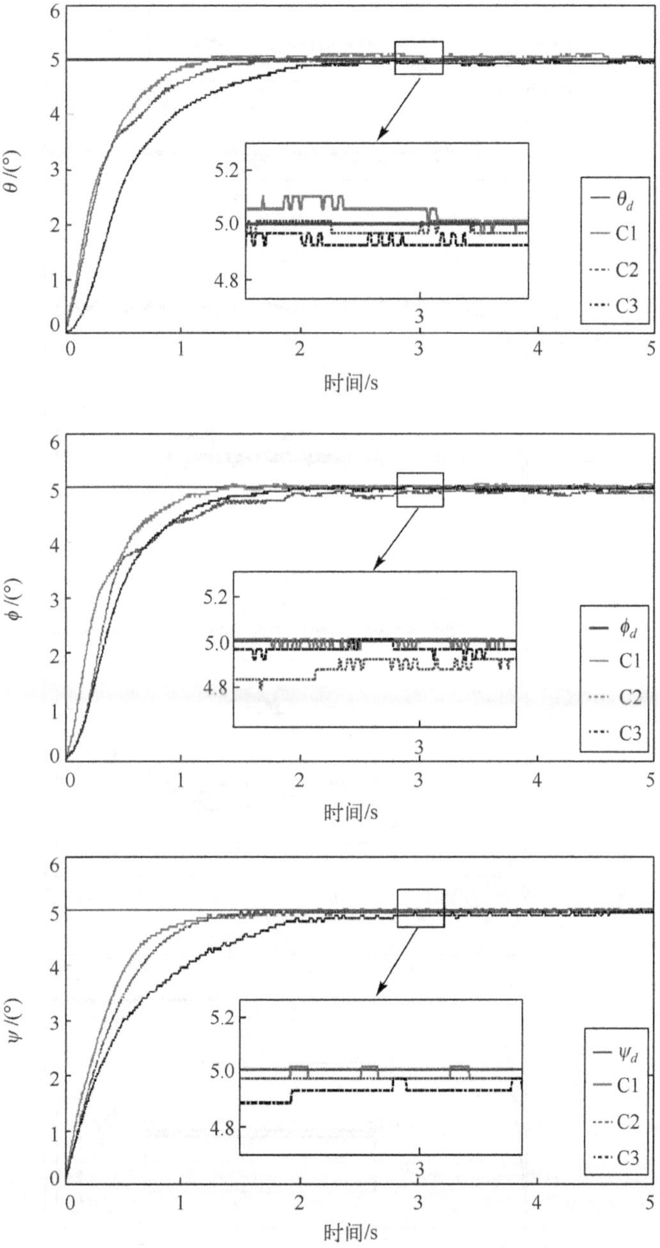

图 7-5 参考轨迹①的欧拉角跟踪（见彩图）

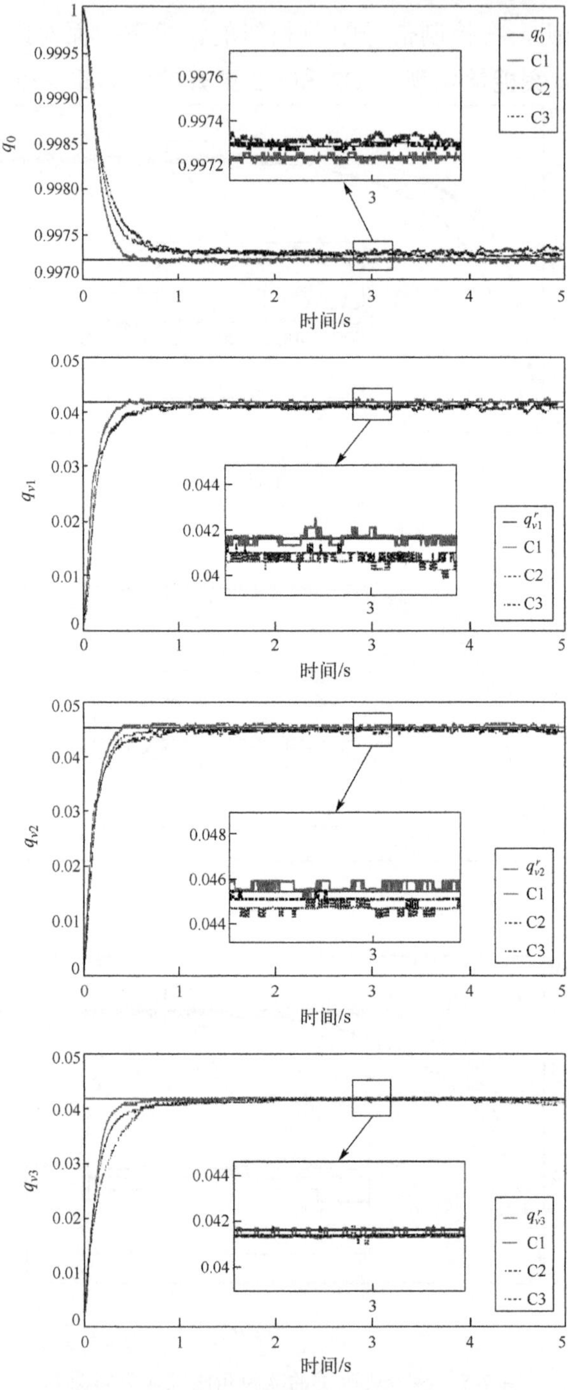

图 7-6　参考轨迹①的四元数跟踪（见彩图）

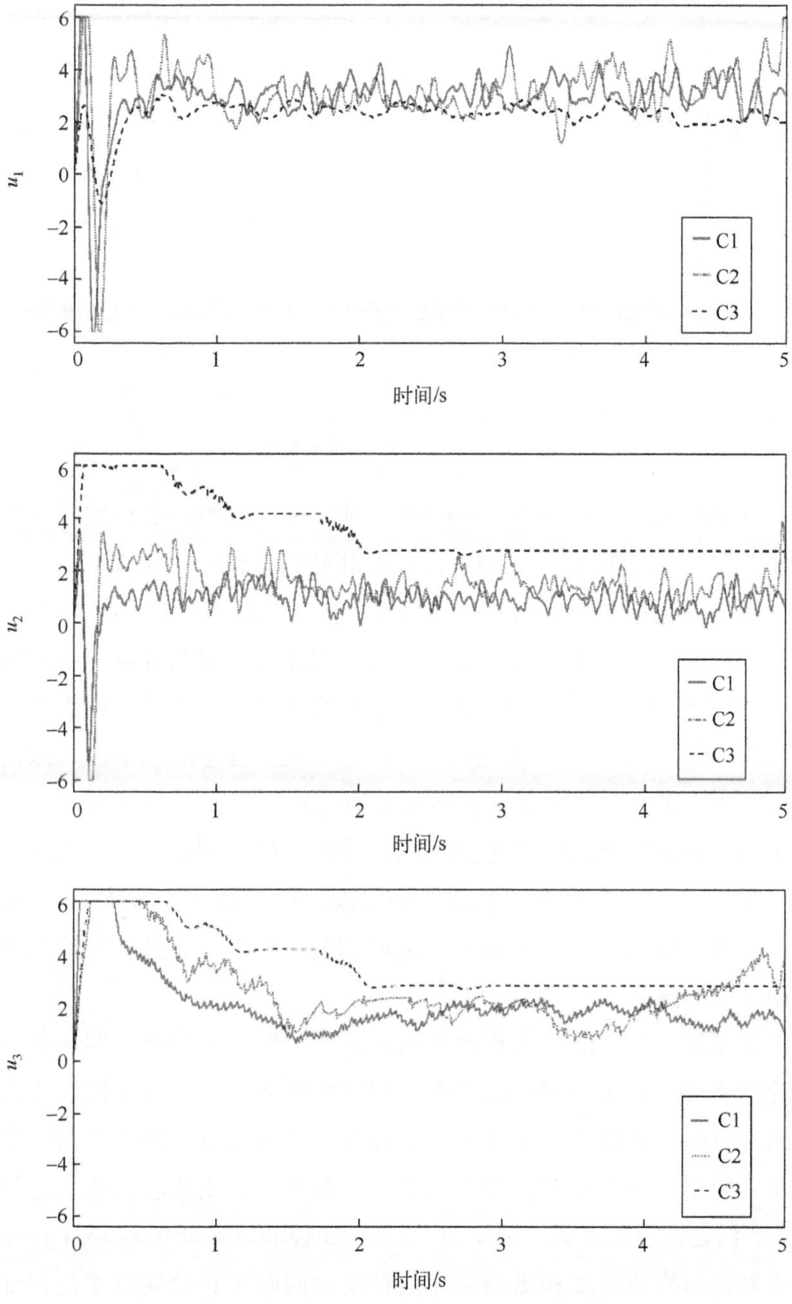

图 7-7　参考轨迹①的控制输入

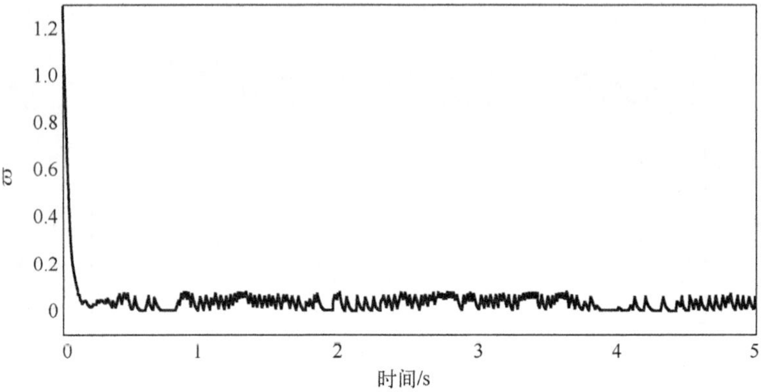

图 7-8　参考轨迹①的参数估计

为了说明所提出 C1 控制方案的固定时间跟踪性能，三种控制方案关于姿态参考轨迹②的跟踪性能和系统状态的时间响应如图 7-9～图 7-12 所示。图 7-9 给出姿态参考轨迹②下的姿态欧拉角跟踪性能对比图。从图 7-9 可以看出，C1 控制方案下欧拉角的收敛时间约为 1.5s，比 C2 和 C3 控制方案下欧拉角的收敛时间短 1s 和 1.5s 左右。图 7-10 给出姿态参考轨迹②下的等效姿态四元数跟踪性能对比图。从图 7-6 可以看出，C1 控制方案下姿态四元数的收敛时间约为 0.5s，比 C2 和 C3 控制方案下姿态四元数的收敛时间都短 1s 左右。由图 7-9 和图 7-10 可得，通过对比跟踪姿态参考轨迹②时三种控制方案下姿态欧拉角和四元数的收敛时间，C1 能提供最快的收敛速度。图 7-11 和图 7-12 分别表示在姿态参考轨迹②下控制输入和 ϖ 估计值的时间响应性能。由图 7-11 可以看出，系统控制输入幅值限制在 ±6 N·m 内。

综合对比姿态参考轨迹①和参考轨迹②下的姿态欧拉角和四元数跟踪性能对比实验结果可得，在不同系统状态的初始条件下，C2 和 C3 控制方案中姿态收敛时间是有明显变化的，而 C1 控制方案中姿态收敛时间几乎是固定的。这意味着 C1 控制方案中姿态收敛时间的上界对系统初始状态的依赖性较小，这与 5.4 节中稳定性分析结论一致。与 C2 和 C3 控制方案相比较，C1 控制方案不仅能实现更快的收敛速度和更高的控制精度，同时 C1 控制方案能保证系统状态的固定时间收敛性，提供更好的瞬态跟踪性能。

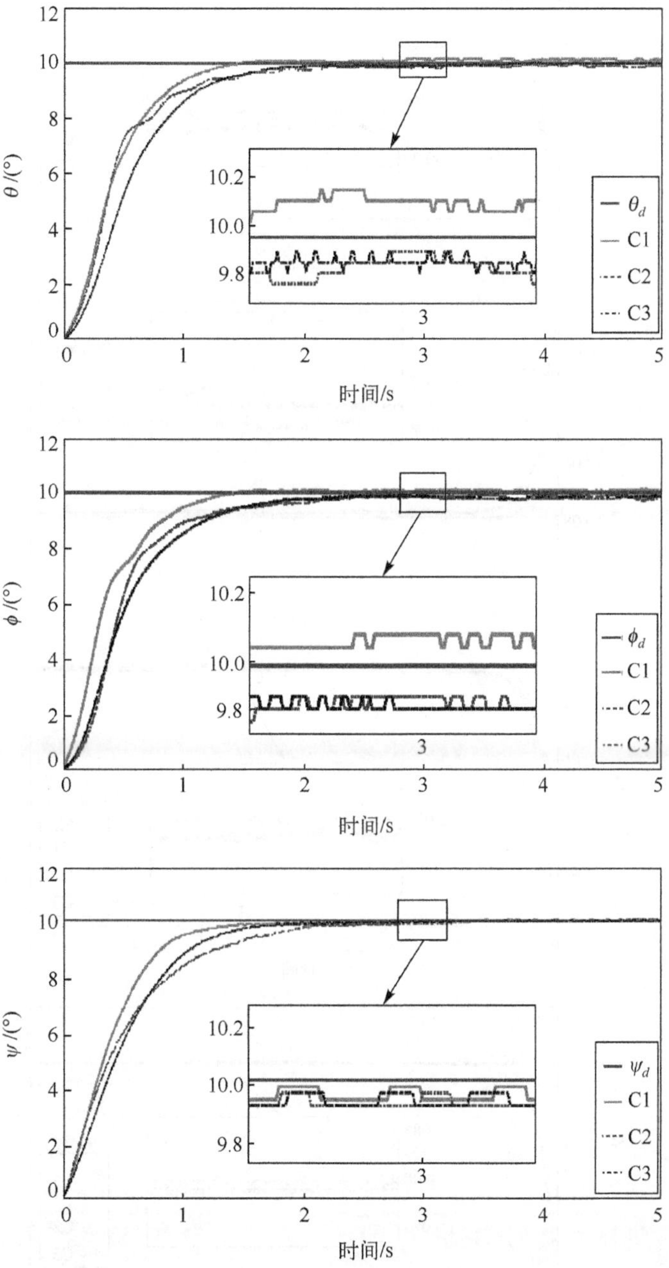

图 7-9　参考轨迹②的欧拉角跟踪（见彩图）

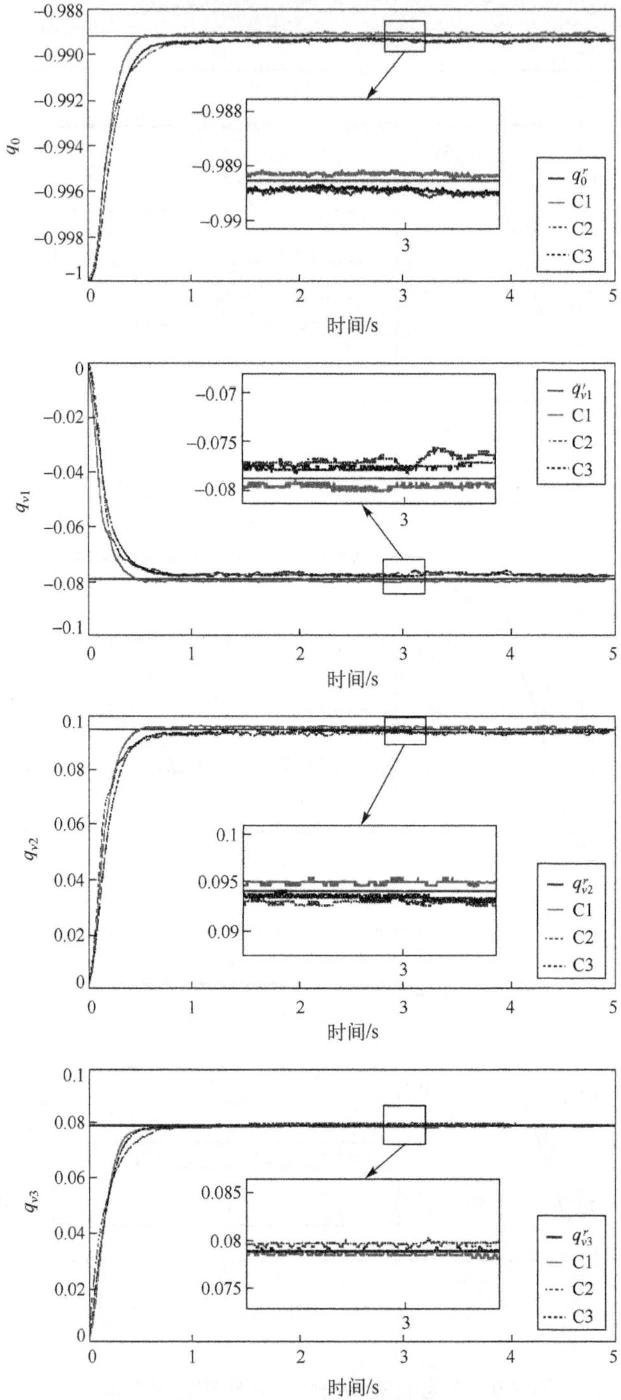

图 7-10　参考轨迹②的四元数跟踪（见彩图）

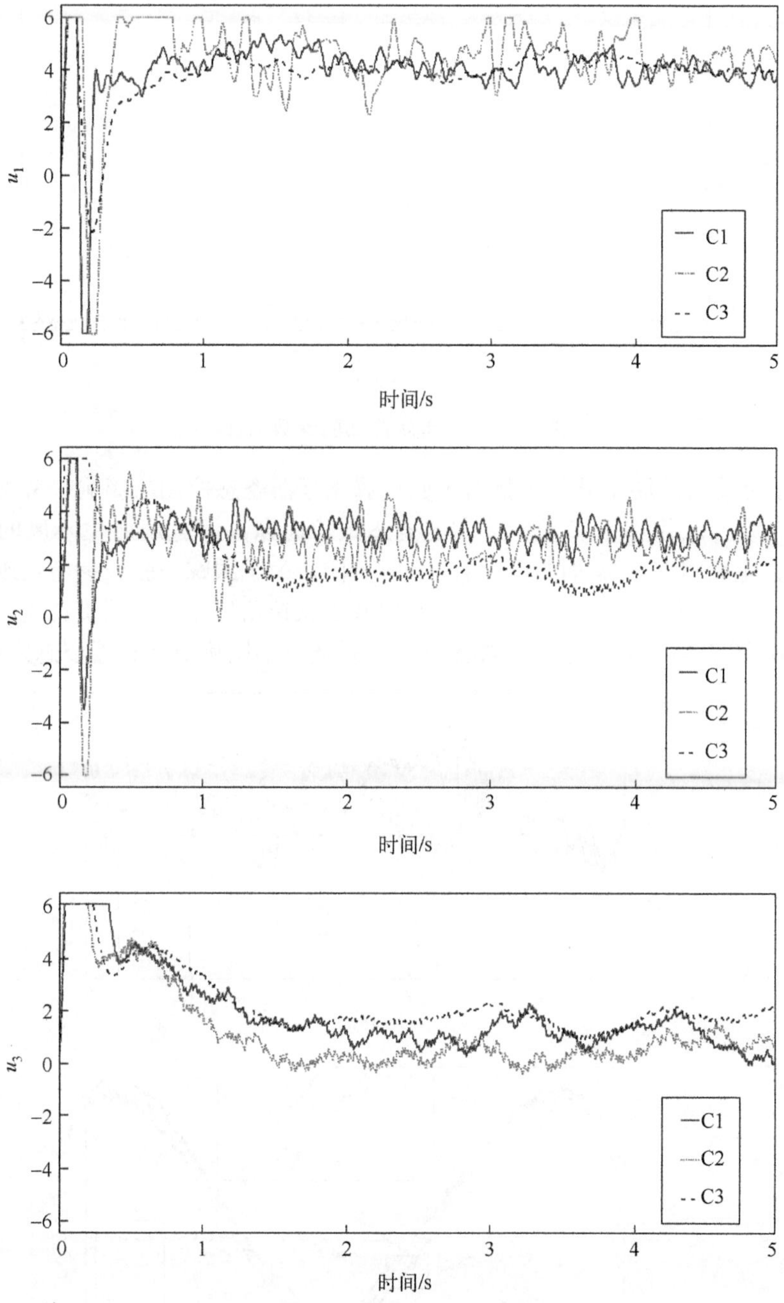

图 7-11　参考轨迹②的控制输入

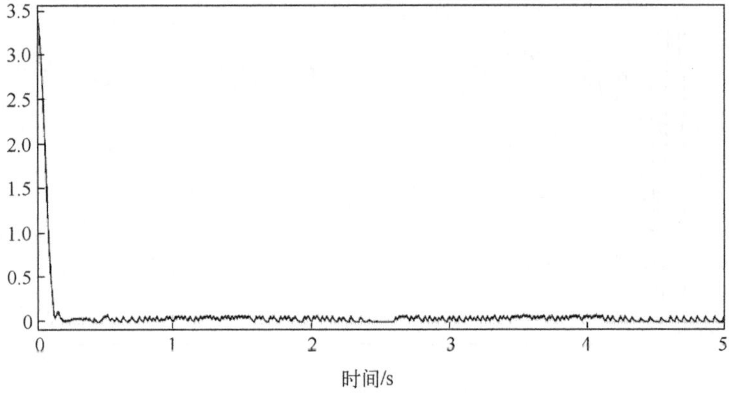

图 7-12　参考轨迹②的参数估计

为了更清晰地展示外部干扰对于四旋翼飞行器姿态控制的影响，考虑在持续产生的风扇阵风作用下参考轨迹③的姿态跟踪问题，即电扇产生阵风的风速为 4.2 m/s，电扇将在 0.5s 时打开，在 5s 时关闭，为了跟踪正弦波参考轨迹，需要横滚角和偏航角保持在 0°。图 7-13 给出基于欧拉角描述下的四旋翼飞行器姿态跟踪响应。图 7-14 表示基于等效姿态四元数描述下的四旋翼飞行器姿态跟踪响应。

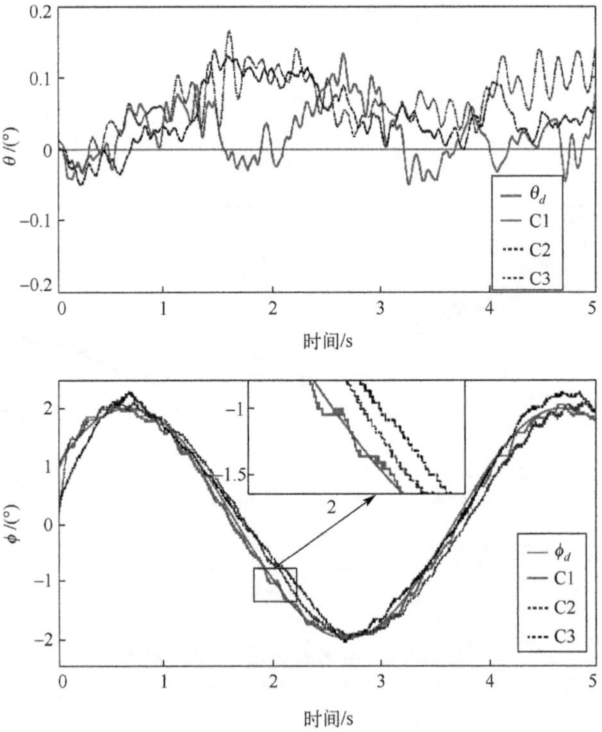

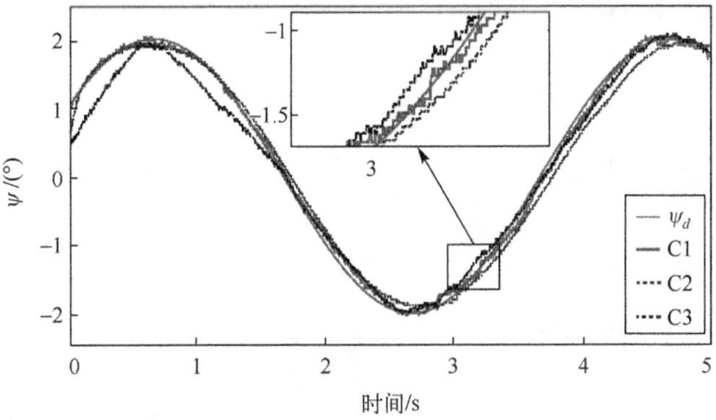

图 7-13　参考轨迹③的欧拉角跟踪（见彩图）

控制输入的时间响应如图 7-15 所示。由图 7-13 和图 7-14 的跟踪效果放大图可以明显看出，相较于 C2 和 C3 控制方案，C1 控制方案能实现更好的姿态跟踪性能。

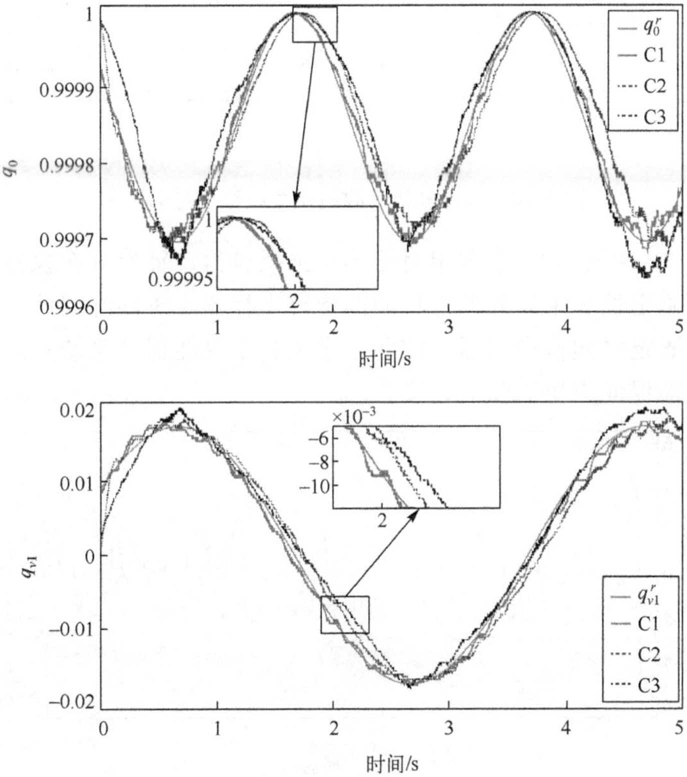

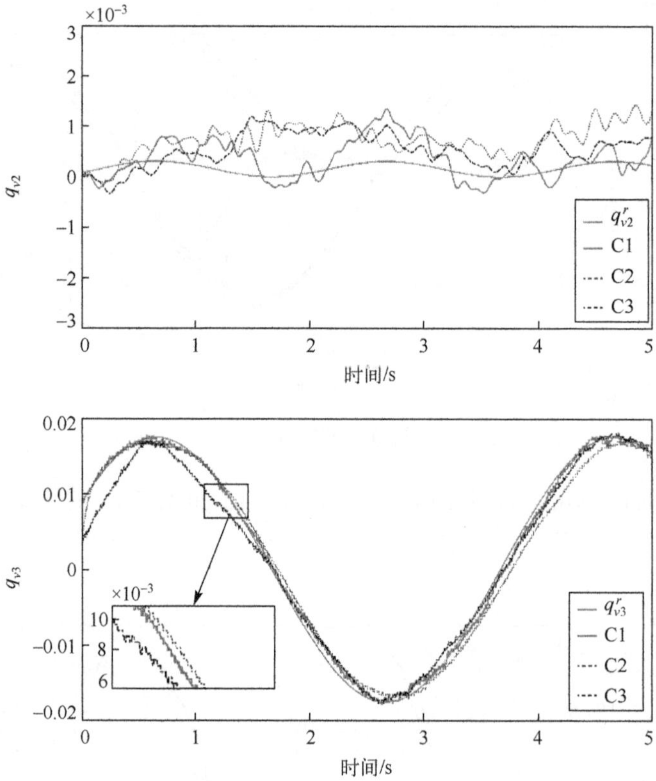

图 7-14　参考轨迹③的四元数跟踪（见彩图）

综合图 7-5～图 7-15 中多组对比实验结果可得，针对存在执行器饱和与故障、惯性不确定性和未知外部干扰的四旋翼飞行器姿态跟踪问题，第 5 章所提出的非奇异固定时间模糊自适应控制方案 C1 不仅能保证系统状态的固定时间收敛，而且能保证更快的收敛速度。

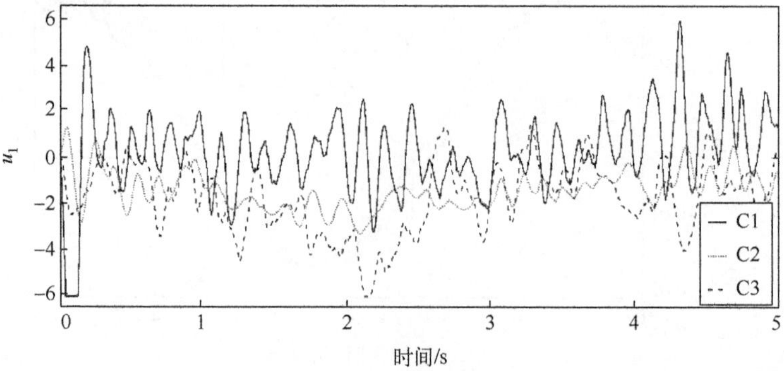

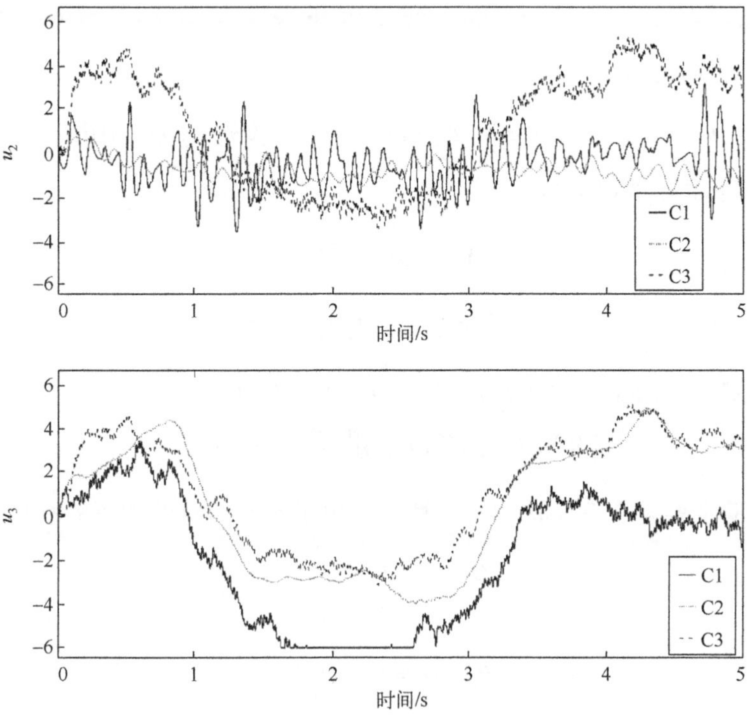

图 7-15　参考轨迹③的控制输入

7.3.2　实验结果二

为了进一步说明第 6 章中所设计的基于参数估计误差的非奇异固定时间自适应控制方案的优越性和实用性，本节根据已有文献中的控制方法，给出两种不同的控制方案：第 6 章所提出的控制方案（C1）和有限时间自适应神经网络控制方案（C2）[4]。

C1 控制方案中滑模面式(6-9)参数设为 $\lambda_1 = 0.5$，$\lambda_2 = 2$，$a_1 = \dfrac{9}{11}$，$a_2 = \dfrac{3}{5}$。控制器式（6-22）中的参数设置为 $k_1 = 5$，$k_2 = 2$，$r_1 = 1.7$，$r_2 = 0.3$。自适应更新律式（6-39）的参数选择为 $\kappa_1 = 1$，$\kappa_2 = 0.5$，$\hat{\Theta}_1(0) = [0,0,0,0,1.3171]^{\mathrm{T}}$，$\hat{\Theta}_2(0) = [0,0,0,0,1.3171]^{\mathrm{T}}$，$\hat{\Theta}_1(0) = [0,0,0,0,1.3171]^{\mathrm{T}}$，$\kappa_1 = 1$，$\kappa_2 = 0.5$，$\kappa_3 = 0.5$，$k_3 = 4$，$a = 2$，$b = 8$，$c = 4$，$d = -0.5$，$l = 1$，$\hat{\Theta}_1(0) = [0,0,0,0,1.3171]^{\mathrm{T}}$。

C2 中的滑模面表示为

$$s = e_{\omega} + \lambda_1 e_q + \lambda_2 \mathbf{sig}^r e_q \tag{7-9}$$

有限时间控制器为

$$u = J_0[\lambda_1 e_{\omega} + \lambda_2 r \left| e_q \right|^{r-1} e_{\omega} + \dot{\omega}^r - \hat{W}^{\mathrm{T}} \phi - (k_1 s + k_2 \mathbf{sig}^{r_2}(s))] \tag{7-10}$$

其中，$\hat{W}_i$ 由下式进行更新

$$\dot{\hat{W}}_i = c_0 \phi s_i - \hat{W}_i \tag{7-11}$$

其中，$c_0 = 1$，$r = \dfrac{3}{5}$，C2 的其余参数选择与 C1 相同。

四旋翼飞行器系统的初始状态式（6-5）设置为

$$[\phi(0), \theta(0), \psi(0), \omega(0)]^{\mathrm{T}} = [0,0,0,0]^{\mathrm{T}} \tag{7-12}$$

为了验证姿态参考轨迹的有效性，采用了不同两组的期望的欧拉角：

① $$\theta_d = \phi_d = \psi_d = 5^{\circ} \tag{7-13}$$

和

② $$\theta_d = \phi_d = \psi_d = 8^{\circ} \tag{7-14}$$

作为姿态参考轨迹。

存在执行器故障、惯性不确定性和未知外部干扰下，两种控制方案关于姿态参考轨迹①的跟踪性能的时间响应如图 7-16 和图 7-17 所示。图 7-16 给出姿态参考轨迹①下的姿态欧拉角跟踪性能对比图。从图 7-16 可以看出，C1 控制方案中的欧拉角可以在近 0.5s 内收敛至平衡点，C2 控制方案中的欧拉角收敛时间约为 0.85s。C1 控制方案欧拉角的收敛时间比 C2 控制方案短 0.35s。图 7-17 给出姿态参考轨迹①下的等效姿态四元数跟踪性能对比图。从图 7-17 可以看出，C1 中的姿态四元数可以在近 0.5s 内收敛至平衡点，C2 中的姿态四元数可以在近 0.75s 内收敛至平衡点。C1 控制方案姿态四元数的收敛时间比 C2 控制方案短 0.25s。由图 7-16 和图 7-17 可得，通过对比两种控制方案下关于姿态参考轨迹①姿态欧拉角和四元数收敛时间的结果分析可得，由于控制器式（6-22）中基于传统双幂次趋近律的设计，因此在姿态欧拉角和四元数接近平衡点时，C1 的瞬态收敛速度是略微低于 C2，C1 的瞬态跟踪性能不够理想。综合以上分析，C1 控制方案能实现比 C2 控制方案更快的收敛速度和更好的稳态跟踪性能。

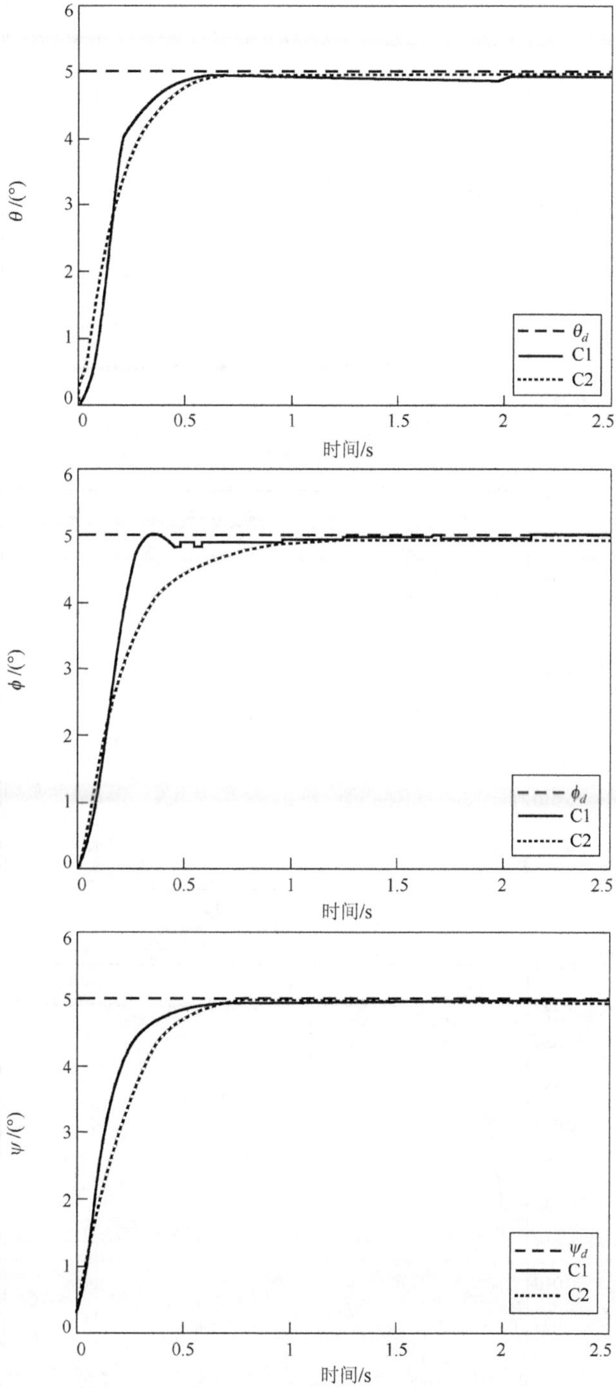

图 7-16　参考轨迹①的欧拉角跟踪性能

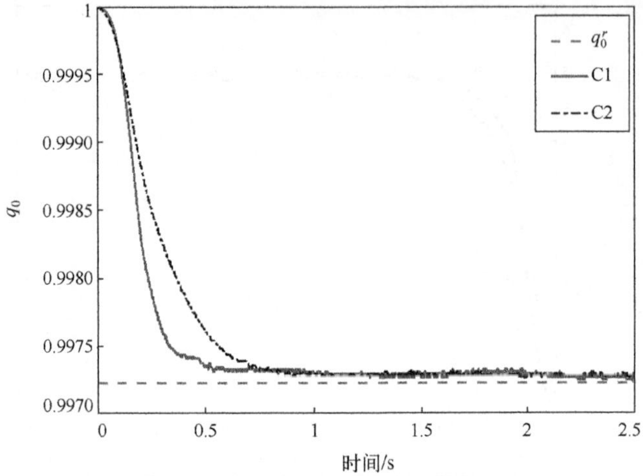
1
0.9995
0.9990
0.9985
0.9980
0.9975
0.9970
q_0
0
0.5
1
1.5
2
2.5
时间/s
q_0^r
C1
C2

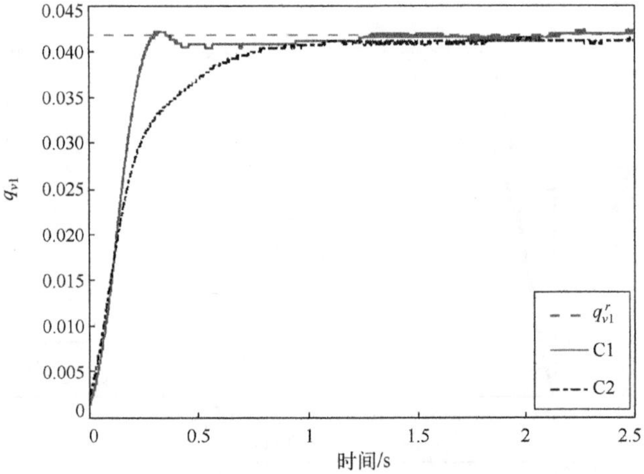
0.045
0.040
0.035
0.030
0.025
0.020
0.015
0.010
0.005
0
q_{v1}
0
0.5
1
1.5
2
2.5
时间/s
q_{v1}^r
C1
C2

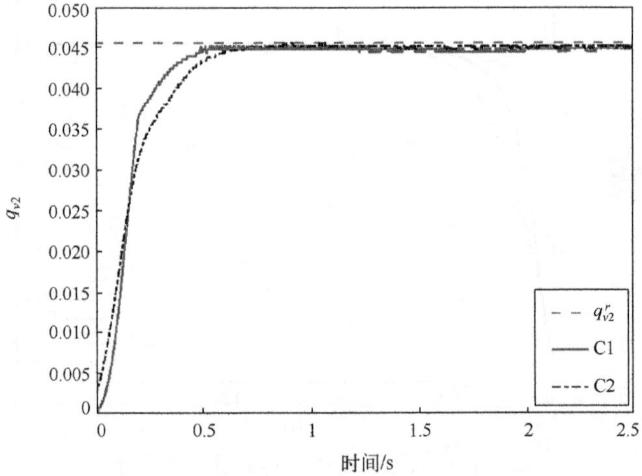
0.050
0.045
0.040
0.035
0.030
0.025
0.020
0.015
0.010
0.005
0
q_{v2}
0
0.5
1
1.5
2
2.5
时间/s
q_{v2}^r
C1
C2

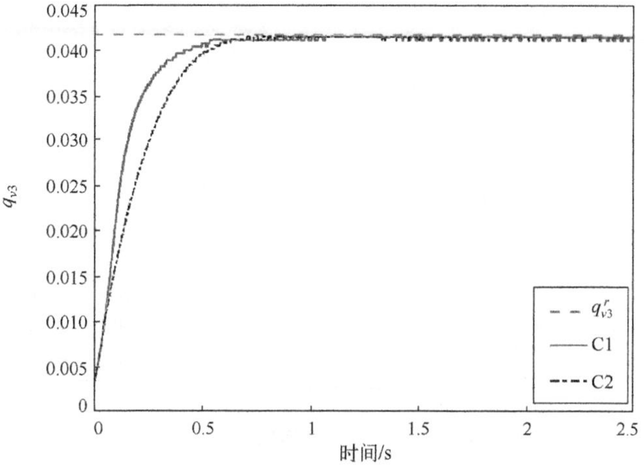

图 7-17 参考轨迹①的四元数跟踪性能

为了说明所提出 C1 控制方案的固定时间跟踪性能，两种控制方案关于姿态参考轨迹②的跟踪性能的时间响应如图 7-18 和图 7-19 所示。图 7-18 给出姿态参考轨迹②下的姿态欧拉角跟踪性能对比图。从图 7-18 可以看出，C1 控制方案中的欧拉角可以在近 0.5s 内收敛至平衡点，C2 控制方案中的欧拉角收敛时间约为 1.25s。C1 控制方案欧拉角的收敛时间比 C2 控制方案短 0.75s。图 7-19 给出姿态参考轨迹②下的等效姿态四元数跟踪性能对比图。从图 7-19 可以看出，C1 中的姿态四元数可以在近 0.5s 内收敛至平衡点，C2 中的姿态四元数可以在近 1.25s 内收敛至平衡点。C1 控制方案中姿态四元数的收敛时间比 C2 控制方案短 0.75s。由图 7-18 和图 7-19 可得，通过对比两种控制方案下关于姿态参考轨迹②姿态欧拉角和四元数的收敛时间，C1 能提供更快的收敛速度。

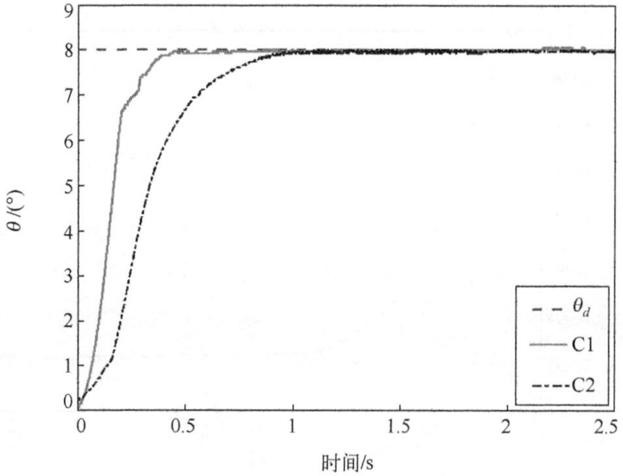

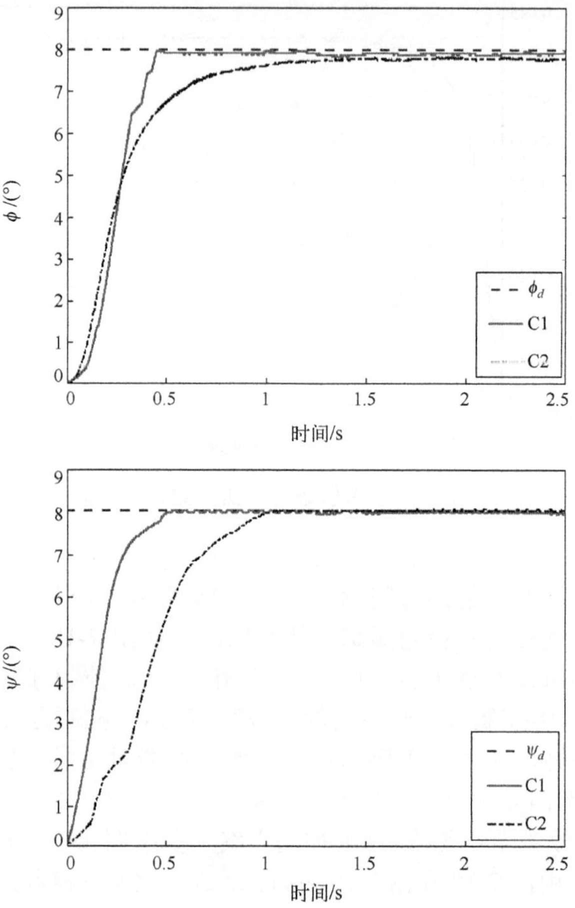

图 7-18　参考轨迹②的欧拉角跟踪性能

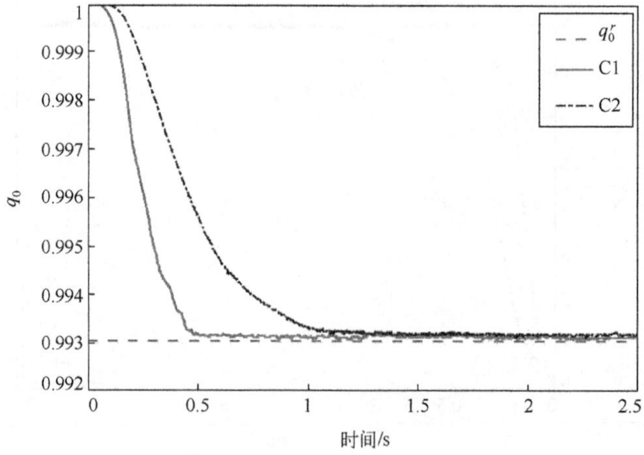

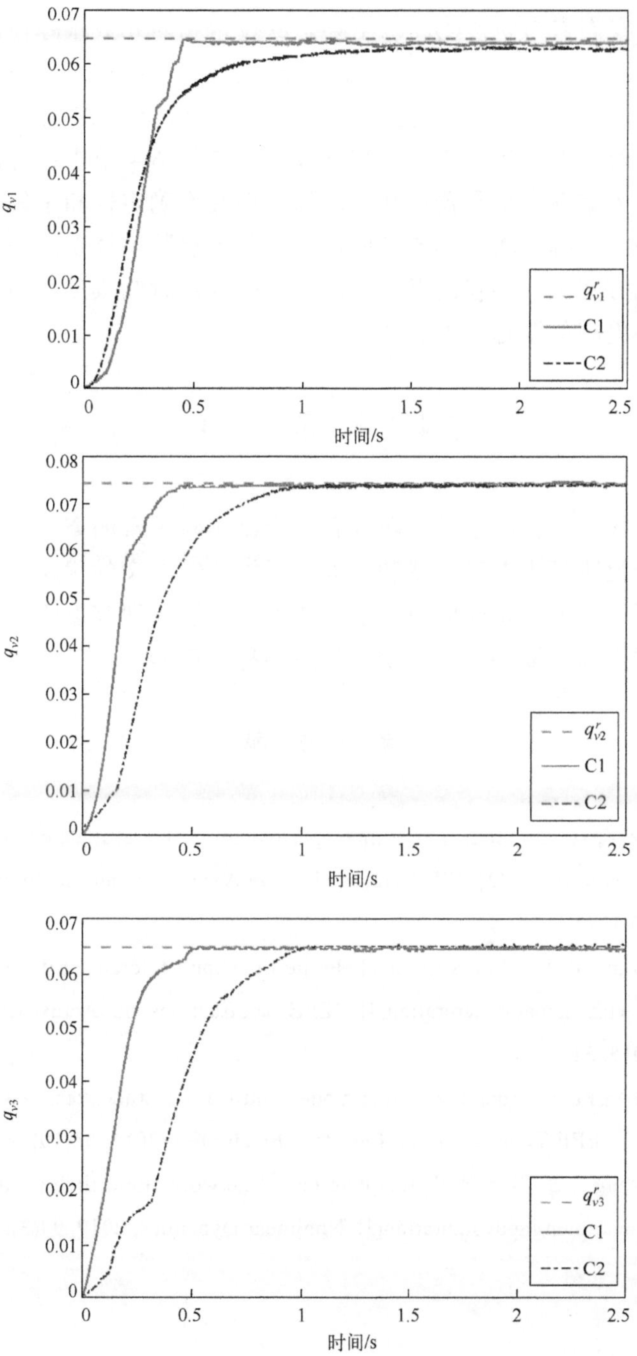

图 7-19　参考轨迹②的四元数跟踪性能

综合对比姿态参考轨迹①和②下姿态欧拉角和四元数跟踪性能的实验结果可得，在不同系统状态的初始条件下，C2 控制方案中的姿态收敛时间有明显变化，而 C1 控制方案中收敛时间几乎是固定的。这意味着 C1 控制方案中姿态收敛时间的上界对系统初始状态的依赖性较小，这与 6.4 节中稳定性分析的结论一致。因此，考虑存在执行器饱和与故障、惯性不确定性和未知外部干扰的四旋翼飞行器姿态跟踪问题，第 6 章所提出的基于参数估计误差的非奇异固定时间自适应控制方案 C1 不仅能保证系统状态的固定时间收敛，而且能实现更快的收敛速度和更高的跟踪精度。

7.4 本 章 小 结

本章给出基于三自由度悬停四旋翼飞行器实验平台的姿态控制实验。通过多组对比实验说明了本书第 5 章和第 6 章所提控制方案的优越性和实用性，进一步验证了所设计的固定时间自适应控制方案可以实现姿态跟踪误差的固定时间收敛，同时提高了姿态控制系统的瞬态和稳态性能。

参 考 文 献

[1] Chen Q, Ye Y, Hu Z J, et al. Finite-time approximation-free attitude control of quadrotors: Theory and experiments[J]. IEEE Transactions on Aerospace and Electronic Systems, 2021, 57(3): 1780-1792.
[2] Shen Q, Wang D W, Zhu S Q, et al. Finite-time fault-tolerant attitude stabilization for spacecraft with actuator saturation[J]. IEEE Transactions on Aerospace and Electronic Systems 2015, 51: 2390-2405.
[3] Zhu Z, Xia Y, Fu M. Adaptive sliding mode control for attitude stabilization with actuator saturation[J]. IEEE Transactions on Industrial Electronics, 2011, 58(10): 4898-4907.
[4] Xu Q Z, Wang Z S, Zhen Z Y. Adaptive neural network finite time control for quadrotor UAV with unknown input saturation[J]. Nonlinear Dynamics, 2019, 98(3): 1973-1998.

彩　　图

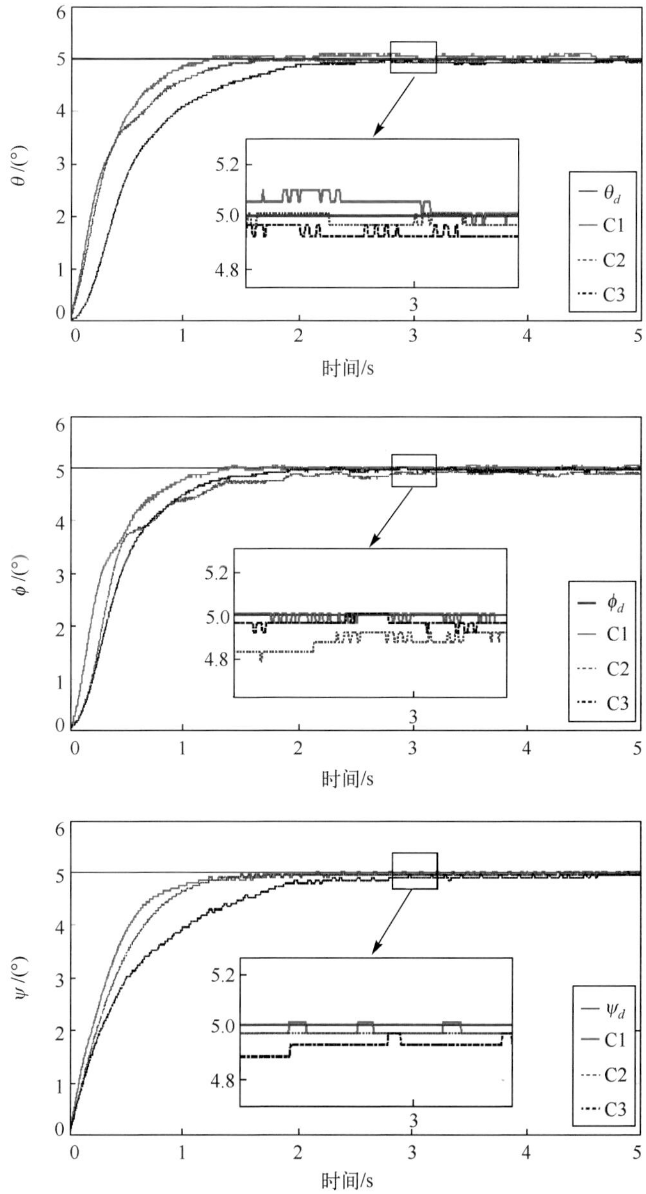

图 7-5　参考轨迹①的欧拉角跟踪

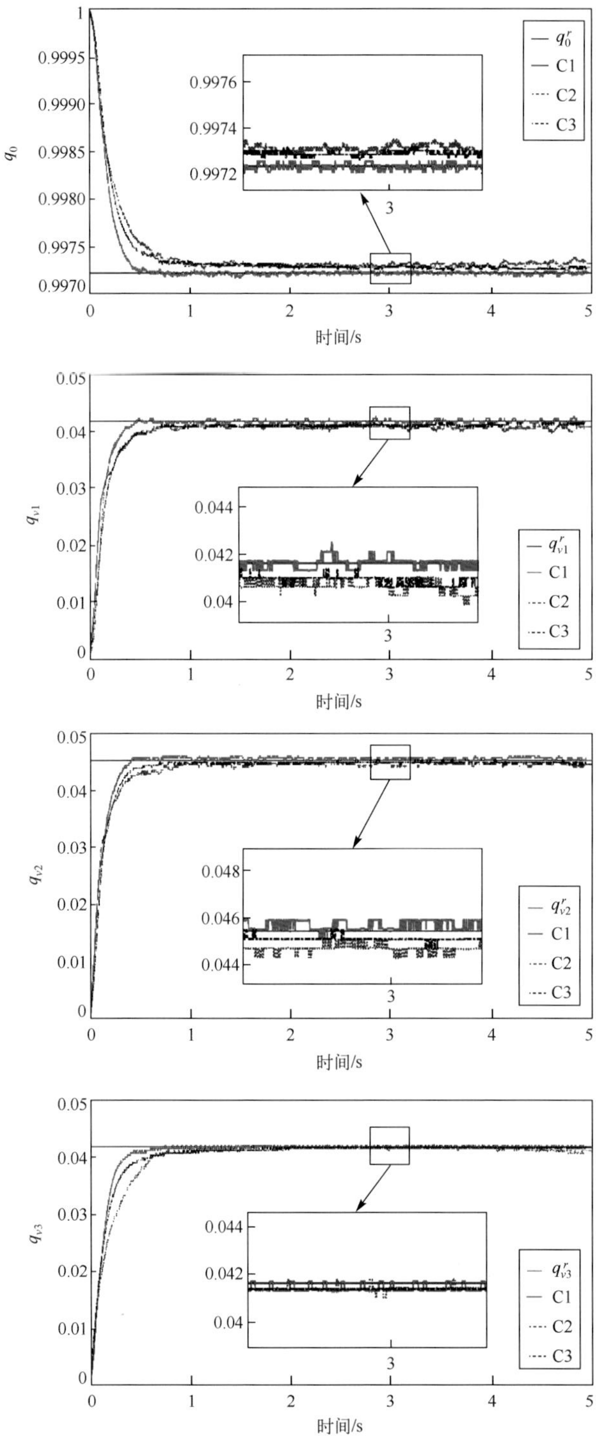

图 7-6　参考轨迹①的四元数跟踪

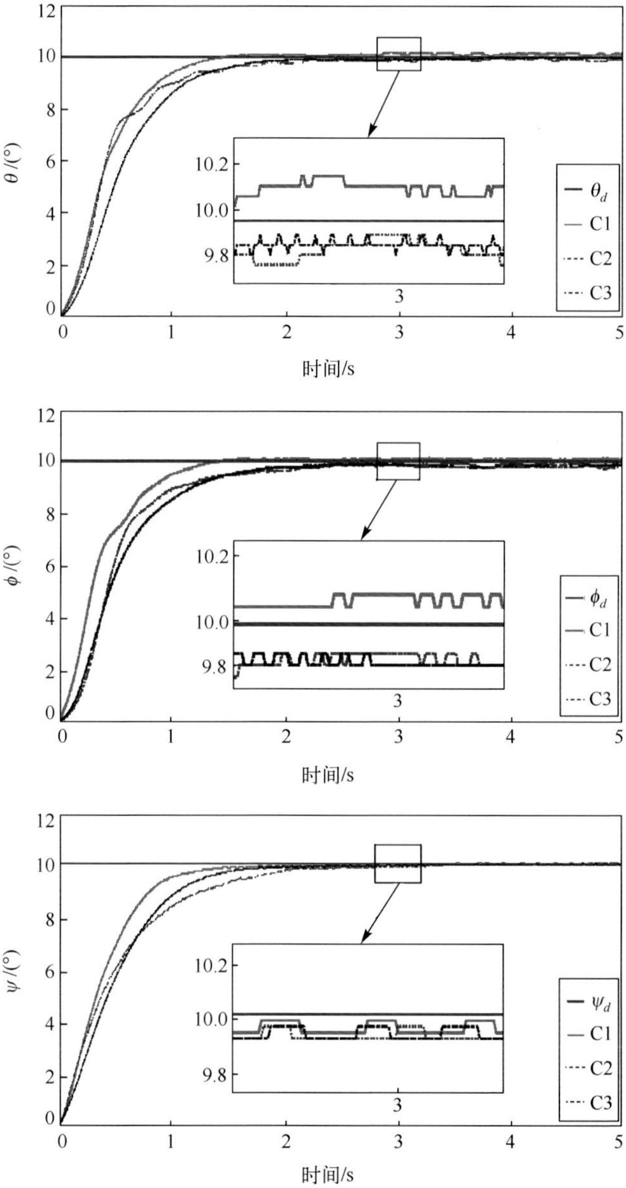

图 7-9　参考轨迹②的欧拉角跟踪

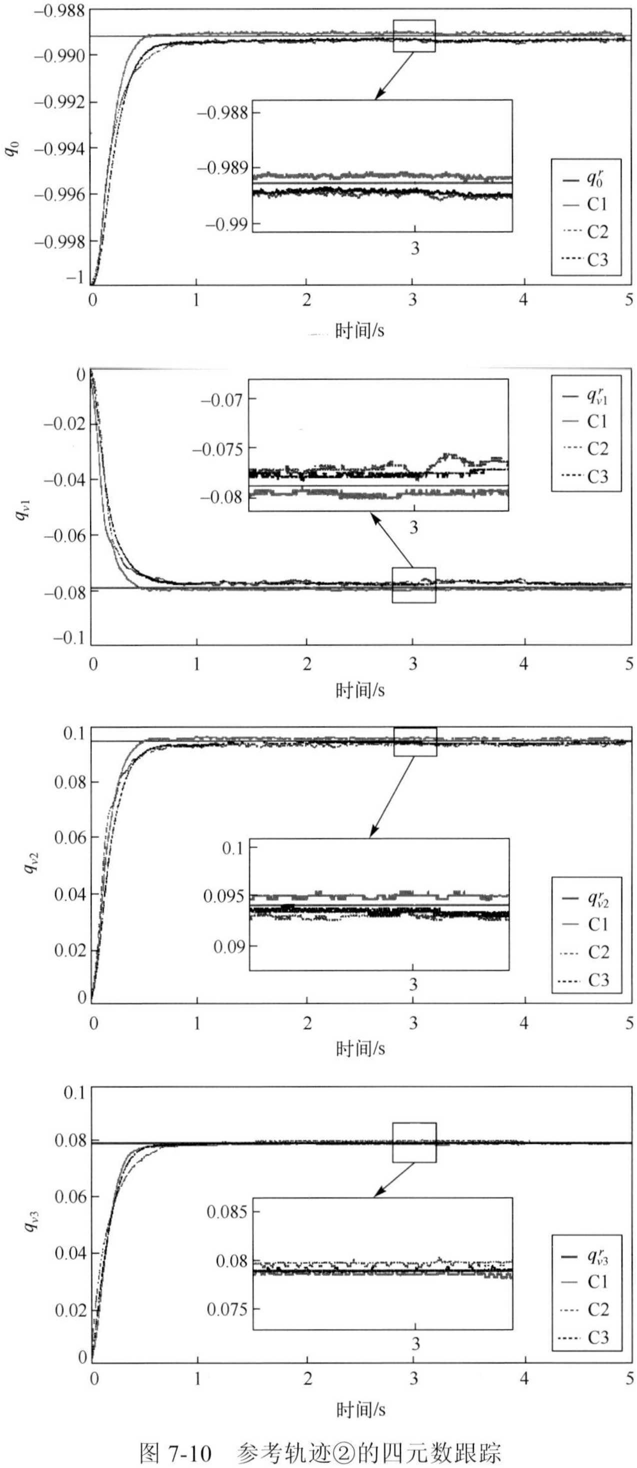

图 7-10　参考轨迹②的四元数跟踪

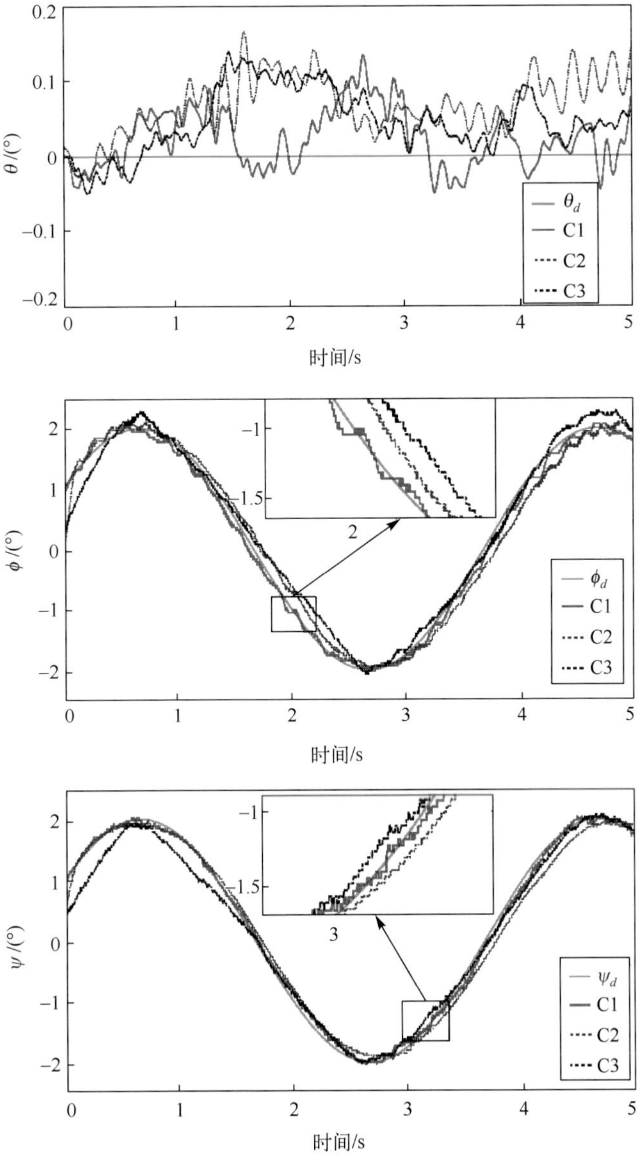

图 7-13　参考轨迹③的欧拉角跟踪

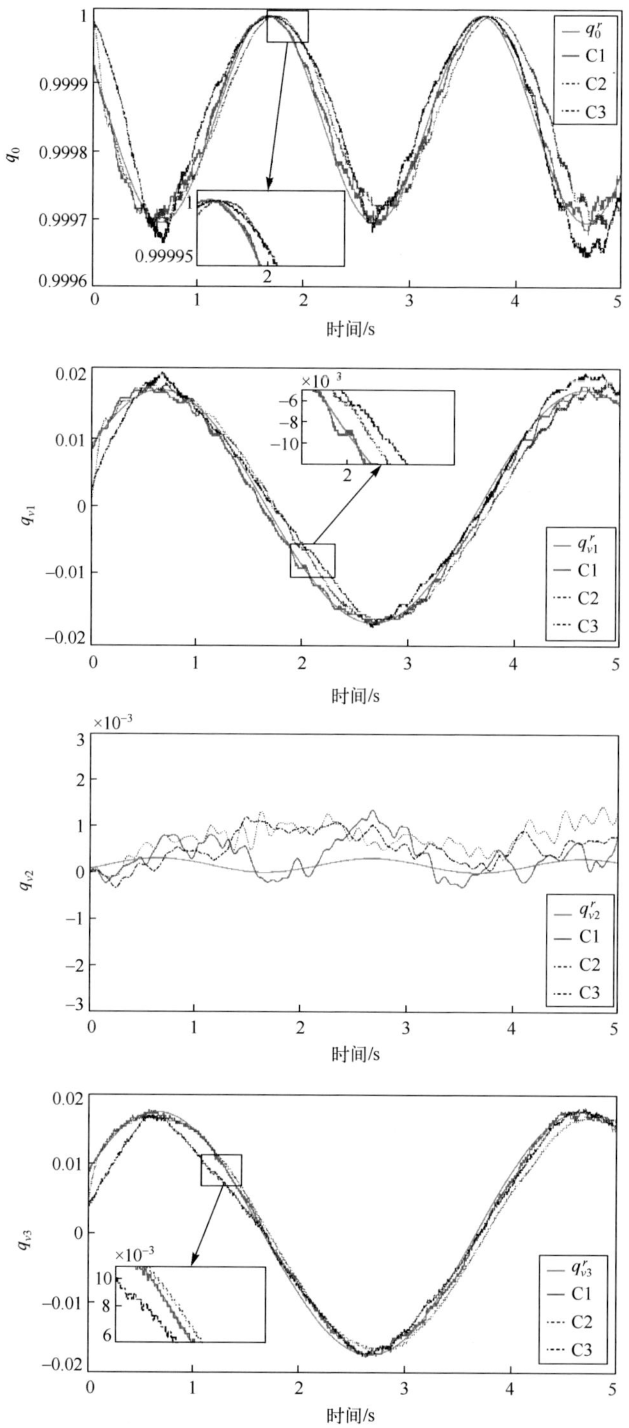

图 7-14　参考轨迹③的四元数跟踪